U0598805

谁都不会拒绝一个有趣的人

阿木 等/著

古吴轩出版社

中国·苏州

图书在版编目（CIP）数据

谁都不会拒绝一个有趣的人 / 阿木等著. —苏州：
古吴轩出版社，2017.7
ISBN 978-7-5546-0961-3

Ⅰ.①谁… Ⅱ.①阿… Ⅲ.①情商—通俗读物
Ⅳ.①B842.6-49

中国版本图书馆 CIP 数据核字（2017）第 165572 号

责任编辑：蒋丽华
见习编辑：薛　芳
策　　划：王　猛
装帧设计：阿鬼设计

书　　名：谁都不会拒绝一个有趣的人
著　　者：阿木等
出版发行：古吴轩出版社
　　　　　地址：苏州市十梓街458号　　　　邮编：215006
　　　　　Http：//www.guwuxuancbs.com　E-mail：gwxcbs@126.com
　　　　　电话：0512-65233679　　　　　传真：0512-65220750
出 版 人：钱经纬
经　　销：新华书店
印　　刷：三河市兴达印务有限公司
开　　本：880×1230　1/32
印　　张：8
版　　次：2017年7月第1版 第1次印刷
书　　号：ISBN 978-7-5546-0961-3
定　　价：36.00元

如发现印装质量问题，影响阅读，请与印刷厂联系调换。0316-3515999

目录

PART TWO

要什么完美？有趣才是人生的至高境界

PART THREE

余生太短，你要和有趣的人做有趣的事

PART FOUR

唯独有趣，能让你打败所有的平淡无奇

PART FIVE

在这多彩世界，谁会拒绝一个有趣的人

PART
ONE

所谓有趣，就是贴近自己的天性去生活

在输得起的
年纪任性一回

输得起，世界也会对你宽容；任性而生，就可以让奢望得到满足。你还年轻，不屈服、不将就、不妥协。骄傲着、倔强着、微笑着，那才是你的模样。

有趣的人，都有自己的小脾气、小偏好和小个性，"泯然众人矣"是最糟糕、最无趣的活法。

◎ 年轻时，你一定要为自己而活，也要为他人负责。

◎ 当你想要极度放肆的时候，也要想想如何克制。老天让你疯狂，也许下一步就会让你灭亡。

◎ 多么特立独行的人，也需要与这个世界共融。小小的任性，可以增加你的个人魅力，但不要妄想去对抗整个世界。

R小姐内心一纠结，外在就矫情。

她是个典型的CITY GIRL（城市女孩），有着一般人无法拥有的幸运。她总是能找到活少、钱多、离家近的工作，总是能遇到各种才华、相貌、家世都不错的男子，总是在任何时刻都能得到家人及朋友的关怀和照顾……一切的一切，都羡煞了旁人。

大学期间，她跟舍友们探讨过毕业后打算，有的说要相夫教子，有的说工作舒服就行，钱多钱少无所谓，有的说要以忙碌充实人生。R小姐则说："我想要一种很忙很忙但不是一直忙的工作，而是忙一阵，休一阵假，用来犒赏忙碌的假期，你会很珍惜。这样的人生才有意义。"

几年过去后，宿舍里要从政的，毕业一年就结婚生子了；要相夫教子的，苦苦挣扎在漫无边际的工作里。R小姐则找到了一份国企行政的工作，还获得了一位"富二代"男友的爱情。当我们还在为早上是吃煎饼果子配豆浆，还是省下这5元钱晚上买菜；是早起挤公交车，还是租离公司近些的城中村的房子而纠结时，R小姐却已经可以今天去健身房出身汗，明天心情不好就去鼓浪屿了。那时的她，高调得招人恨！

岁月磨平了奢望，越来越多的人倾向于追求稳定，但R小姐却把最稳定的单位里的最稳定的工作辞了，恋爱也告了急。折腾了那么多年，一下子又回到了原点——没有工作和爱情。

R小姐说，她经常郁闷得失眠。

"你到底想要什么？"我们很无奈地问。

"我也不知道，我就是不快乐。我只是想有一个人陪我细水长流……"R小姐哭得梨花带雨。

没过多久，她到了一家日资企业，那时工作过于轻松，以至于R小姐整天抱怨自己没事可做，只能去食品间吃东西。那一阵，她确实胖了不少，而她认识的男士也从小男生上升为三十多岁的大叔。

她经常去参加各种"高大上"的晚会，身边的男伴也从"高富帅"变成了文艺范的"钻石大叔"。又过了一两年，再次见到R小姐时，她穿着灰黑相间的休闲衣服，头发随意扎着，连妆也没有化，不再是bling bling（闪闪）的风格了。看着我们，她淡淡地笑着说："我再次归零了。"说这话的时候，她没有伤心，没有迷茫，只是很简单地陈述，R小姐变了。

这还是那个遇到一点事情就说"我不知道"，并且哭得泪眼汪汪的女孩吗？

越是向生活走去，越是发觉很多事情都身不由己。渐渐地，我们都向这个世界低下了头。未来怎样，我们不清楚，只能战战兢兢地工作，拿微薄的工资去还贷款、买尿不湿。原先天真的青春少女，已经在菜市场的讨价还价声中变成了蓬头垢面出门的人妇。就连得知王菲与谢霆锋重新在一起后，我们也只是简简单单"哦"一声，然后继续自己的烟火生活。

这真的不关我们的事。

分享八卦能赚来买菜的钱吗？

所以，我们也没有怎么关心年近三十了还折腾的R小姐。

后来，我再次见到R小姐时，眉清目秀、无人间烟火气的她已经回归平和，一副宠辱不惊的样子，身边也有了一个很朴实的男人——她的老公。坐在一辆已经很旧的小汽车里，她笑得无拘无束。

她老公说，无论做什么事，她的脸上都带着淡淡的喜悦，他愿意守着这份淡淡的喜悦，直到终老。

R小姐终于找到了那个愿意陪她看细水长流的人。

成长的人们知道自己不想要什么，成熟的人们知道自己想要什么，而智慧的人们知道自己该放弃什么。

R小姐对我说：

"从小到大，我都是一个什么都想要的女孩。

"我任性、骄傲、自私，我天真、爱幻想却很懒惰，有时敏感而脆弱。

"我说我想要忙碌的人生、理解自己的爱人，可是，很长一段时间里，我一样都没有得到。我拼命打扮自己，是因为太自卑了，一不化妆，我就觉得浑身上下都是缺陷，而那些让我骄傲的众多追逐者，自身从来没有停下过'招蜂引蝶'。

"我纠结，我矫情，不过是因为我想有底气和安全感。

"安逸但毫无创意的工作，富有但四处留情的男友，一切的一切，都只加剧了我内在的不安。

"后来，我进了一家外企，职位不高，却享受所有的福利：年会、带薪年假、商业医疗保险、年末分红、食品费，出差住四星级以上酒店，报销无上限，免费发放笔记本电脑、黑莓手机……这些琳琅满目的福利让我白豪，也让同学们羡慕。

"在这里，我认识了许多高学历、高收入，又有点小品位的大叔。但是，几年过去了，我的技能没有增长，格调却提高了不少。而大叔们忙碌得只能固定地分配一点时间给我，我想要温暖，他们却觉得我黏人不懂事。我只能放弃。

"所有的分手，最后只总结成一句话：性格不合。

"好在，我年轻，有输的资本。

"朋友们相继结婚生子、贷款买房，虽然辛苦，可是风雨同舟。他们生活简朴，工作艰辛，却每天都能看到进步，每隔几个月就能感受到变化。在他们疲惫的身躯里，内心在飞速成长。他们是坚定、务实的，这不就是我想要的安全感吗？

"于是在快三十岁的时候，我又裸辞了。

"我想重新进入校园，于是花了近三个月的时间学习。也许努力不够，也许天分不够，我的考试成绩平平，进不了我想进的学校。我以为的一条平顺之道，已经被堵死，不得不认真地思考自己何去何从。

"自己的事情只能自己解决。

"在那段最彷徨的时间里，我没有找任何人倾诉。

"向内寻找，才能与期盼中的自己相遇。经过很长一段时间的反省，我终于明白，自己要走一条什么样的路。

"前面的道路，我已经走错，对不起过去的自己，但我仍可以重新起航。

"生活就是这样，只要找对方向，脚踏实地地努力，成就就会不请自来。

"终于，我得到了自己喜欢的工作，也得到了一个欣赏我、爱我、能给我温暖和时间的爱人。

"我想要的安全感，都在我给得起自己想要的一切时，自然而然地来了。"

"原来，生活就是你放弃它，它便放弃你；你越坚持，它对你展开的笑颜便越多。只要你肯发现自我，并且下定决心，坚持走过去，总有一天，你会成为独一无二的自己。

愿每一个迷茫不安的你，抛却浮华，在岁月静好中慢慢修炼自己。

朋友，让我们学着主宰自己的生活，不自怜、不自卑、不怨叹，一日一日来，一步一步走，那份柳暗花明的喜乐和必然的抵达，在于我们自己不懈的坚持，更在于懂得自己的内心，懂得因此而取舍。

怎样才是
真正的性情中人

性情中人必然是有趣的，他们浪漫多情，潇洒从容，能慷慨悲歌，也能引吭高歌。

每个人都可以做性情中人，只不过被现实拘泥，被生计困扰，被功名束缚，慢慢地没了棱角，不得不圆滑起来。

◎ 风尘之中，必有性情中人。没勇气去远方的人，不足以谈性情。

◎ 性情中人值得尊敬，但不值得你刻意效仿，人各有各的活法，开心就好。

◎ 不要以成败来品评性情中人，他们原本就不在乎这些。

什么样的人才算得上是性情中人？

杨过不是，令狐冲是；

机器猫不是，小新是；

奥巴马不是，里根是；

苏格拉底不是，孔子是。

明心见性，这性不是生理卫生的性。情不知所起，却真是自作多情的情。由于坦率、真诚、天真而产生一种近乎浪漫的魅力，就是我理解的性情。

苏格拉底般的人，生活中也有，他们有智慧，有耐心，逻辑缜密，长于思辨，让普通人觉得累。

孔夫子也是智慧的化身，人情味要浓得多。他欣赏穿上裤衩春游唱歌的生活，也不跟你磨叽，聊到哪儿是哪儿。有时候半路上饿极了，觉得自己就是条丧家狗。

"我三思而后行，牛吗？""有啥牛的，两思就行了。"孔子淡淡地说。有时候你觉得他在逗你，仔细一想不像啊，这是个"吃货"、"事儿妈"，还是个粗糙的大高个。他看起来那么威严，聊起来又如沐春风。仰之弥高，钻之弥坚，魅力无穷。

老子给人的感觉是苦瓜脸，庄子是隐士，孙子是军事家，墨子是苦行者……性情二字都跑偏了。

以前参加一个节目的录制，于丹老师讲了一个鸡汤故事。她说，李白、陶渊明喝喝酒，研究下菊花，写写诗，就已经很幸福了，那种胸襟、心态值得我们学习。生活很艰难，但我们可以改变自己的心态嘛。只要你觉得幸福了，那就幸福了——我差点吐出鲜血来。

李诗人、陶诗人在世不得意，又没碰上好时候，人生自然就悲剧了。那么悲惨的事情居然被于老师说得多令人羡慕一般。两位诗人的诗，千古之下照耀人心，是逆天的存在，不服不行，但这改变不了两人悲惨一生的结局。

看官问了，这两位算得上性情中人吧？我觉得算不上。这两位喜欢喊口号、秀恩爱、秀飘逸、秀不羁，依据我多年的阅历，我觉得凡是频繁发朋友圈的人，心里都有个寂寞的无底洞。寂寞这玩意儿不仅仅指没朋友，李白的至交好友至少有好几个，主要还是壮志难酬的无力感，没能在皇帝身边玩耍的悲哀。问题是，这两人还不肯痛痛快快地承认，"文人傲骨"说白了就是装腔。又想博女神一笑，又不想陪女神逛商场，只好狂歌一曲，找个网吧打游戏，头像出卖了一脸猥狂……

奇怪的是，李白的好朋友杜甫可以算是性情中人。

杜诗人的作品大家可以看看，男女、老妪、老汉、兵哥哥都能让他触景生情，本是吃地沟油的命，却有操着全天下的心。国仇家恨，小孩饿死，屋上的茅草都被风吹飞了，还有"熊孩子"来抢；投靠牛人，牛人很怂；跋涉找皇帝，皇帝是"二货"……坦率、真诚、天真的杜诗人，在那个讲究文章的年代，职业能力已经爆表，能做的他都做了，只想找个好工作，买车买房，偶尔泡泡吧，也遇到许多欣赏他的人，可最后的结局仍然是客死他乡。这是真的倒霉，命运的碾压，没办法。杜甫混成这样，就像北大的哥们儿在路边摆摊卖裤衩，哈佛的哥们儿在客户端当网络评论员。

性情中人悲催的可能性要远大于其他人。《冰与火之歌》里面那个魅力四射、销魂俊逸的"红毒蛇"用生命证明了这一点。亲王是个多情种，会博妻子欢心，也博天下女子的喜爱，又爱国爱家，为了复仇可以隐忍多年。他的身手既有孙大圣的活泼敏捷，又有黄飞鸿的潇洒大气。如果他是个严谨、务实、效率至上的男子，可能魅力会小很多，但至少不用被爆头。可惜啊，这货是性情中人。

性情中人当中，有的受万人敬仰，有的身败名裂，有的是普通青年，有的 no zuo no die（不作死就不会死），好像说明性情也不一定是个好词啊。但我觉得是好词，只不过性情二字太过奢侈，就像自由两个字。你若根基不厚，福分不深，老板放你一生的假，你也只能在无所事事中慢慢饿死。《浮生六记》中沈家两口子，至情至性，结果呢？

那些浪漫的偶像剧里，男女除了爱来爱去，其他的啥都不干。为啥不能干？一干就不性情了。去欧洲十国浪漫旅行，你还需要跟老板请假。楼上大爷找下来，说裤衩掉到你家阳台上了。同样，我也很少看见偶像剧里冰清玉洁、可爱迷人的主角曾经有哪怕一次得过痔疮。最浪漫的武侠剧中，除了杀来杀去，顺便爱来爱去以外，没见过小龙女换衣服。

在真实的世界里，被称为性情中人的人，别管其他的，已够人羡慕的了。俗语说："穷人的孩子早当家。"多么赤裸裸的残酷！"龅牙苏"为啥爱咬人，据说他家境贫寒，支持他踢球的动力就是填饱肚子，他要拼命，他不能输，这种焦虑都进入潜意识了。如今他虽然住在豪华别墅里，但他有可能终其一生也无法轻松、优雅地踢球。

许多孩子，过早地失去了童真。老成的少年，无法享受童稚的趣味。一些家长剥夺了孩子童年的一切，但让人不忍苛责，因为这些家长也很早就没有了人生该有的从容。

幸福的人会感染别人。不幸的人，也许会失去幸福的能力。

嗯，等我发达了，我也性情一把……

让自己成为
自己的偶像

　　每个人可以用自己的方式赢得尊重。名人的造星之旅，成功者的创业模式，有情人的恋爱宝典等，都不是真正属于你的，因为依靠模仿、借鉴和生搬硬套，不可能让你成就全新的自我。

　　真正有趣的活法是，从不把自己当成小角色，你只负责精彩，老天自有安排。终有一天，你会发现自己变成了光芒万丈的人。

　　◎　别忙着成为别人，别不给自己时间。

　　◎　当你感到焦虑时，不如远行去看世界，让鲜活的想法重新生长。

　　◎　拥有一颗简单执着的心，足以赢得尊重，不必苛求受到万人盛赞。

　　左拉并不是特别漂亮，但大家对她的印象却很深刻，因为这是一个特立独行的女子。

　　她每年都在变化，变得不是一点点，而是翻天覆地地变。两年前你以为她是可爱害羞的姑娘，两年后她就变成了"女汉子"；两年前你认为她喜欢安静，两年后你发现她做了很多冒险的事；两年前她选择一个酷酷的奔事业的男孩做男友，两年后她跟会撒娇卖萌的"90后"男孩在一起谈姐弟恋。

　　她的每次变化都让我们尖叫：OMG，这还是不是当初我们认识的左拉？

　　上初中的时候，她留着黑黑的长发，一看就是个羞涩的女生。班里有男孩问她问题，她的脸就会瞬间红起来，像洋娃娃那般惹人怜爱。但到第二学期，左小姐一进教室，我们都惊呆了，她竟然剪了寸头。还穿着宽大的街舞服，一副小太妹的模样。

　　她说喜欢上了韩国偶像组合H.O.T，所以在刻意模仿。

　　她开始与班里的同学称兄道弟，常常为被欺负的女生打抱不平。她的眼神变得狡黠了起来，失去了原有的纯净。

　　后来，左拉小姐进了省重点。再次见到她时，她又重新变回了那个安静内向的姑娘。

　　她没偶像了，不知道高中三年里要成为谁。

她长了一脸痘痘，再没有了曾经的漂亮可人。

没过多久，她忽然变得坐有坐姿、站有站姿了，一副端庄淑女范儿。她说："我没有外在美，就要让大家看见我的内在美。我要成为才女。"

一心想做才女的她，看《呼啸山庄》等各色名著，每周都给《美文》杂志社写文章。高中三年过去了，她成了《美文》杂志社的通讯小记者，文章频频在杂志上现身，而她高考时，语文考了全校第一。她已经是大家公认的才女。

上大学后，左拉小姐谈了一场又一场的恋爱。追过系里的大才子，追过学生会主席，还与全校最有名的校草谈过几个月恋爱。

我们问她又在模仿谁，她笑言道，言情校园小说里的女主角！

毕业了，我们都在踌躇就业问题的时候，左拉小姐已经收到了四份工作offer。她要去外企，看了《杜拉拉升职记》，要成为杜拉拉那样的外企女白领。

在外企的三年里，她经常出差、加班，但她从不抱怨。后来，她又与销售总监谈上恋爱了，看起来沉稳大气了许多。我们都以为左拉小姐已经安定时，她却被销售总监甩了，因为销售总监觉得她配不上他。为此，左拉小姐又回学校念MBA（工商管理硕士）了。她说，最好的报复是与他站在同一个平台上，成为他的竞争对手，将他的项目抢夺过来。

其间，她爱上一个男孩，他也在读MBA，可是男孩总说工作很忙，说她不理解他，两人很快分道扬镳。之后，她去纽约做交换生，与知名企业家站在了一起。

她考了潜水证，然后，又去非洲当志愿者……

我们一直在小小的角落里，结婚生子，按部就班地工作、生活，她却随心所欲地操控着自己的人生。她跳街舞拿到了第一名，说当才女就能成为才女，能在上大学时泡上我们仰慕的任何一类男生……爱情如她的生活一般绚烂，工作也永远朝着梦想在走。因为特立独行，她把每一个阶段都过得非常耀眼。

我们没有特立独行的勇气与冲劲，所以也看不到特立独行的人的风景。

多年以后，再次见到依然单身的左拉时，她已经创业了。此时的她，眼神清亮，却没有了青葱岁月里的欲望与野心。

她已经没有偶像了。

这些年，她看过了太多风景，每次欲望满足后，都会有一阵失落感。后来她才明白，那些所谓的偶像，不过是她幻想的美好。她希望自己成为美好，于是她不断地成为别人。但在模仿别人的时候，她却迷失了自己。

　　"但我不否定我的过去。"左拉说，"正因为经历了过去，我才能明白自己。我不想再成为其他任何人，只想成为我自己。哪怕身上所有的附加物都没有了，至少还有我自己。"

　　其实，只要你一直在路上，总有一天会看到自己。

　　每一个人都能成为特立独行的自己。

　　不要让别人成为你的偶像，而是让自己成为别人的偶像；不要怕在自己的梦想里跌倒，只怕在别人的轨迹中迷路。任何时候都别忘了，借鉴只是方法，而独创才是目的。人生哪有绝对的偶像？有一颗闪闪发光的心，你的宇宙就会充满光芒。

趁年轻，
过不将就的生活

处处将就的人，必然是个无趣的人。

每个人都有自己的了不起，活在别人的眼光中，一味走别人的路，必将堵死自己的路。

世界从来不会将就一个被动的人，人生只有短短几十年，既没有上辈子，又没有下辈子，你怎么忍心把人生将就着对付掉？

趁还年轻，别将就了。

◎ 你退缩得越多，喘息的空间就越少。

◎ 日子不是用来将就的，你表现得越卑微，幸福就会离你越远。

◎ 自己的底线放得越低，得到的结果也就越低。

A小姐的英文名叫Alice，32岁了，单身，资质平平。用她自己的话来说，蹉跎到现在这样，我谁都没对不起，就是对不起我爸妈。他们眼睁睁看着自己女儿两次被"退货"，心里多堵得慌啊！

我们安慰说，别把话说得那么难听，你又不是商品。

A小姐嘿嘿一笑："是啊，商品没有思想。我啊，就是太对得起自己了，所以才不愿意将就。"

A小姐从来没有将就过。

上中学的时候，我们看书做题，谁也不愿分半点时间做别的事，只有她响应老师的号召，承担了教室后面的板报工作，又担任了劳动委员一职，每天提着水桶，把教室擦拭得干干净净。她说自己打扫卫生、办板报都是为了释放压力。听完那套"弯腰扫地让我们学会谦卑，用彩笔办板报心情自然斑斓"的理论后，我们异口同声地说："高，您的思想境界真高！"

A小姐的不愿将就，还体现在高考结束后的择校上。

我们这种三线城市出来的学生，能考上大专就已经不错了，而她的成绩够上三本，望了望我们，她的脸上出现了少有的沮丧。

我们接受了自己的成绩，挥一挥衣袖，终于可以去大学轻松了。而我们的A小姐居然选择了复读。她说："我真的不喜欢录取我的学校。"

上了大学后，我们打扮得楚楚动人，不是逛街，就是参加社团活动，生活过得有滋有味。苦读的A小姐，脸上长满了痘痘。望着她桌上那一沓沓卷子，我们无奈地摇摇头说："A小姐啊，你就是喜欢活受罪。"

一年过去了，A小姐考上了本省的二本院校。

她还是没有去读，继续铆足了劲复读，终于，第三年，她考上了外省著名大学。天有不测风云，她父亲摔了一跤，需要在家调养半年，而母亲身体一直不好。A小姐为了照顾父母，只好选择了本市的一所院校，这个院校可以提供奖学金，还可以给她免一年学费。

她笑笑说："哎呀，我就是想证明自己能行，谁还要跟钱过不去呢？"

我们的生活也过得波澜起伏，遭遇被劈腿、考研失败、找工作无果等坎坷，A小姐说："不要灰心，这些只是阶段性的小失败，未来会很好的。"

再之后，我们在工作挫折中学会了坚强，在恋爱中学会了成长，在泪水中邂逅了惊喜……生活从不给予我们平顺，但总会让我们有理由不放弃。

A小姐毕业后，工作很顺利，进入一家上市企业后，A小姐的职务扶摇直上。自然，她也遇上了爱情，一个崇拜她的小男生成了她的男朋友。我们都不看好这段感情，A小姐却说，她很快乐，这样不就够了吗？

在她的引导下，男孩成长很快，借着A小姐的人脉与金钱，自己开了家公司，三年之后，两人订了婚。一切看起来都很美好，只是，忽然某一天，男孩搂着另外一个女孩进了一家酒店。

我们为她不值，她付出了自己的青春、人脉、金钱及感情，却换来了如此不对等的结果。A小姐却淡淡地说："上天还是很爱我的啊，让我在结婚前就发现了欺骗。还好，不晚。我们每个人最终都会过得很好的。"

29岁那年，她又遇到了一段感情，男方是大学教师。

由于父母身体很健康，A小姐无甚牵挂，准备去海外上学，她希望自己的人生在另一个地方翻篇。但在申请留学的期间，A小姐在书店邂逅了这个大学教师，为了守住这段感情，她放弃了海外留学申请。

在我们都很看好这段感情的时候，大学教师突然莫名其妙地离开了A小姐。

我们让A小姐去他的学校里闹，A小姐幽幽地说："闹有什么用，他就是不想跟我好了啊。"

此时，我的朋友中，有人在闹离婚，有人事业不顺，有人与公婆不和，有人被孩子折磨得没了青春与美丽。A小姐铿锵有力地说："没关系，我们最终都会过得很好。"

A小姐32岁这年，我们当中闹离婚的那位终于离了，她离开了让她糟心的男人，然后遇到了真爱，去新加坡当全职太太了；事业不顺的姑娘转换跑道，找到了适合自己的工作，日子过得有冲劲、有热情；被孩子折磨的太太看着孩子一天天长大，脸上虽然没有了美丽，但却有了祥和，让人如沐春风。而我们的A小姐说："我二十多岁的时候，有那么多的梦想，想上名校，想去海外看不同的风景，为什么我现在就没了呢？所以，我还是去上学吧。"

于是，32岁的A小姐，辞去了还算不错的工作，给父母留下足够多的生活费后，去美国上MBA了。异乡生活如何？有趣吗？美丽吗？A小姐交到好朋友了吗？我们在地球这一端默默地关心着。她走了以后，我们才发现，没有她在的日子，其实是那么不习惯。以往总能听到她鸡汤、鸡血式的言论，总能看到她遭遇挫折后的依然坚强。她是一个好姑娘，谁有困难，她都会伸出援手。

34岁了，我们过得很是平稳。

此时，我们才明白，平稳才是上天对我们的眷顾。

感谢A小姐，她曾对我们说，我们每个人都会过得很好。

每个人的选择权，其实都在自己手上。我们感觉到的身体不适和心灵不适，其实是潜意识发出的离开暗号：快，快逃开，快选择真正对的东西、对的事业、对的人，快离开这些不对的事、不对的人。

一天，我和几个朋友坐在一起喝下午茶时，大家的手机都"咚"的一下响了起来。

A小姐的头像亮了，她发来了喜帖，她与她先生的照片看起来是那么温和与温暖。喜帖下面写道："嗨，我与我先生下个月回国开分公司，祝贺我们吧。"

是的，A小姐在纽约成立了一家小公司，她一边上学一边经营公司，在忙碌时光里，邂逅了她的先生。他们有共同的话题，有平等的人格，有不言自明的默契，以至于连他们自己都惊叹上天的安排。

我见到了我从来没有见过的A小姐，光芒万丈，万般自信。

先生温柔地将保温杯递给她，嘱咐她喝蜂蜜水时，说："我一直以为，自己再也遇不到好姑娘了，直到我去了地球的另一边。"A小姐扑哧一声笑了，她看看我们："瞧，又抢了我台词。"

我们也笑了，A小姐，你让我们相信了那句话：最终，我们都会过得很好。

很多事情可以将就，吃不吃可以将就，坐不坐可以将就，可是爱情不可以将就，幸福不可以将就，人生更不可以将就。

"女金刚"
不需要偶像剧

　　一个有趣的姑娘，当她单身时，会让自己积极乐观、精致优雅；当她恋爱时，会跟伴侣势均力敌、共同进退。

　　她不会活得很梦幻，更难能可贵的是，在看清现实的残酷后，依然能为自己制造浪漫。

　　如何成为一个有趣的姑娘，重点是先让自己成为一个独立的人。

　　◎ 永远不要找别人要安全感。

　　◎ 做个刚刚好的女子，不攀附，不将就。

　　◎ 离开任何人，你都可以精彩地过一生。

　　我的发小D小姐一直在感叹"活了二十几年却没有过一场像样的艳遇"。

　　自打高中起，她就沉浸于各种言情小说和偶像剧中，可是那些令女生神魂颠倒的爱情片段却不曾出现在她的生命中。

　　例如：

　　快要摔倒时被帅哥扶住，两人四目相对，然后互生情愫；被坏男孩刁难时，霸道总裁出来救场，对她露出一副傲娇又疼惜的表情，为她倾心一辈子；旅游时遇到的阳光大男生体贴又温柔，在雨中将自己的风衣脱下披在她身上，并眉目含情地看着她。

　　这些情景，她没有遇到过，一次也没有。

　　有一天，D小姐兴冲冲地给我打来电话，声音有些颤抖："我艳遇啦，跟很多小说里的情节都一样。"

　　我想象着她对天咆哮的样子，也忍不住激动了一把："赶快为嫁入豪门做好准备吧，灰姑娘。"

　　D小姐的语气马上像是飞速坠落的过山车："可是，最后还是搞砸了。"

　　接着，D小姐给我讲述了她的艳遇经过，那是一个画面感很强的故事。

　　那天，D小姐晚上八点才下班，回家的路上，她在一家饭馆打包了一碗拉面。快要到达小区住所的时候，她忽然发现小区花园的石凳上坐着一个很帅的男生，只是他的表情看上去十分痛苦。

D小姐不想多事，自觉地选择了绕路，可还是被那个男生叫住了。

"麻烦你……我胃疼得厉害，能不能找杯热水给我？"男生抬头对D小姐发出哀求。

故事的分岔口就此出现。

按照偶像剧的发展情节，D小姐应该快步走上去，用温柔急切的声音询问"你怎么了"，然后那个男生会体力不支，倒在她怀中。她立即将男生送进医院，并且悉心陪伴，直到他苏醒，或是干脆将男生搀扶回自己家殷勤照顾。这之后，男生对她产生了莫名其妙的情愫，最终跟她喜结连理。

可是，我们的D小姐冷静地停下了脚步，飞快地将小区中经常见面的住户在脑中过了一遍，观察了一下周围有没有人，并用手机偷偷地拍了张现场照片用以被讹诈时取证。她一边拨120一边大声招呼着在不远处巡视的保安，最后她说出了最让自己后悔的一句话："我已经给你叫了救护车，我先走了，我打包的饭都要凉了。"

写到这里，请读者自觉想象一下一百只乌鸦从天上飞过去的场景。

经过这一遭，D小姐的偶像剧情结被治愈了一半。虽然她每次看到这类剧情时还会大呼小叫、歆羡不已，但至少会在后面认命地加一句"反正这种事肯定不会发生在我身上"。

D小姐是个内心强大的姑娘，那一颗期待着艳遇的少女心，在她的冷静理智面前，如一粒尘埃般微不足道。

很多言情小说和偶像剧里的女主角总会被情敌侮辱，最终还要像圣母一样原谅情敌。

可是，当情敌醋意十足地问D小姐"他到底喜欢你什么，你哪点比我好"时，D小姐可以微笑而淡定地说："你自己去问他好了，我正好也想知道呢。"

很多言情小说和偶像剧里的女主角总会遇到霸道挑剔的婆婆，不得不忍气吞声。可是，D小姐第一次见准婆婆时，却用一张巧嘴哄得准婆婆喜笑颜开，还收到了准婆婆的一个大红包。至于婆媳关系这种事，D小姐的理解是，如果有矛盾的话，忍让老人家是必要的，但还是要把道理讲清楚，才能不伤感情。所以，每当她看到偶像剧里的女主角带着无辜、委屈的表情面对婆婆却含泪摇头不说话时，总是恨铁不成钢得要命。

在D小姐这样的"女金刚"眼里，婆媳之间没有什么是解决不了的，说一遍不行说二遍，第二遍还不行就换思路，直到找到解决方案。

D小姐认为，没有任何事是需要自己打落牙齿和血吞的，如果身边的人只能分享甜蜜欢乐而不能分担痛苦忧伤，那我要他干什么。

她是一种超越了"软妹子"和"女汉子"的存在。

"软妹子"觉得自己什么都做不成，肩不能扛，手不能提，身边没有人陪简直会死。

"女汉子"觉得自己什么都可以尝试，换桶装水，修电灯泡……一个人可以撑起一片天。

"女金刚"不需要偶像剧。如果她们单身，她们会过得有声有色，不会因为身边的朋友一个个都结婚了而草率地将自己交付给谁；如果她们有了男朋友或是丈夫，那她们认定的人必然是自己千挑万选出来，跟自己旗鼓相当的人。

"女金刚"往往跟偶像剧里的艳遇无缘，可也只是原本就不需要而已。

用力去
关心世界

　　我们都清楚，人生很短暂，太多的愿望，却只能空留遗憾；我们都明白，青春要珍惜，许多的日子，却总被随手丢弃；我们都知道，多一种活法，人生才充满新鲜感，才会拥有更多前进的动力。但是我们却总把世界关在自己的心门之外。

　　世界那么大，你要去看看，不为别的，只为看看自己的人生究竟有多少种可能。`

　　◎ 没有见过世界的人，不会有什么世界观。

　　◎ 在你有生之年，尽可能地走得远一些，再远一些。

　　◎ 哪怕累得全身酸痛，也要追逐那些不曾领略的风景。

　　我的朋友们都喜欢和阿群做朋友，因为他够有趣。

　　可在刻意古板的社会规则里，阿群是个不务正业的人：十几岁时不好好念书，书包里成天塞着盗版小说，不写作业也不听课，下课了就跑去跟人弹吉他，有时候也会去校区外面的肉燥店帮忙。我们常常下课跟着他，去店里蹭丸子吃。在别人眼里，阿群是那种随随便便活着就好的人。

　　大人们不许我们和阿群待在一起，因为他什么也不会，就知道不务正业。可我们仍然无法拒绝阿群的吸引力：阿群的书包里有看不完的小说，阿群的脑袋里装着跑不完的小街，阿群还拿着把破吉他天天乐呵呵地唱英文歌。于是大人们很生气，他们苦口婆心地劝我们说："你们现在只知道玩呦，哪里知道像阿群这样的小孩只能玩一时，不能玩一世，知道了生活艰辛他就玩不得了。"

　　我们因此感到害怕，有几个小伙伴渐渐和阿群疏远了关系，阿群也毫不在乎，还是天天背着小说带着大家四处野。

　　有那么几天，我替阿群担忧，是真的出于朋友关心的那种担忧——他这样一个爱玩的人，如果将来真的没得玩了，岂不是会很难过？

　　但是事实上我的担心是多余的，17岁的阿群背着满书包的小说带我们跑遍大街小巷；18岁的阿群没能考上大学；20岁的阿群成了一名厨师，晚上做做饭，白天玩音乐，有时还写写以厨子为主角的小说；20出头的阿群照样背着背包到处跑，有时在家乡，有时在外面。总之，阿群还是玩得很开心。

所以直到20岁，我才知道大人们"骗"了我们。他们苦口婆心地想要我们相信的，不过是"快去学习，去学习，这样你就可以有好未来"。

但是那个未来，是什么呢？

成年以后，我们有一次聚在一起看电影，是日本导演枝裕和的《奇迹》，电影看完，大家都很泄气。因为看惯了大团圆式结局，对这个不完满的结局有点接受不了。电影中虽然两兄弟的感情还很好，但终究还是四个人一起生活的幸福家庭比较让人满意。于是有人埋怨他们父亲的不务正业，如果不是他要坚持做一个不务正业的音乐人，就不会导致夫妻俩的离异，两个兄弟也就不用分隔两地了。

阿群摸摸头："不是也挺好，比起其他的事情，果然还是关心'世界'比较重要吧。"电影里，哥哥航一和弟弟龙之介，有着完全不同的两种人生观。哥哥少年老成，一心希望这个家庭能够和其他孩子的家庭一样是完整的，而弟弟则遗传了父亲随性的态度，关心音乐，关心庭子里的蔬菜。

哥哥和弟弟，怀揣着不同的人生观，照着这两种不同人生观发展下去，可以想象，哥哥一定会成为我们父母所期待的那种人，成熟稳重，有家有业，但没什么特别的。而弟弟，大概会成为阿群吧。

我不能评判两种人生究竟孰好孰坏，但是，有一个场景，哥哥在放弃让父母复合的念头后，他打电话给做乐队的父亲。他的父亲一手拨着吉他，一手拿着电话对他说："航一呀，我希望你，多关注一下世界。""世界？"还在念小学的他大概不能完全明白世界所代表的含义，也不知道跟着妈妈的他还有没有机会了解"世界"一词的意义。

"世界"代表着什么呢？代表着清晨的第一缕阳光，代表着园子里的蔬菜，代表着在地铁里被演奏着的歌，代表着卢浮宫里的画作。总之，"世界"代表着一切有趣的事情，代表着一切生活。所以父亲担忧的是，这个少年老成的儿子，可能会被社会规则所拘束，慢慢成为一个无趣的人。

或许，他的父亲比母亲清楚，人活着是要有些趣味的。因为，当你老之将至，决定了你这一生大部分时间是在"生活"还是"活着"的，正是那些你用力关注着这世界时的有趣时光。

做菜的男人，
到哪都有人爱

说起做菜的男人，自然而然会想到谢霆锋。

十多年前，他虽然很酷，却少了一点男人的味道。谁能想到，他现在居然蜕变为《十二道锋味》里的主厨，尝尽天下美食，也收获人间滋味。

无论谢霆锋有过怎样的感情经历，都依然很有女人缘，这也许就是他会做菜后，所散发的个人魅力吧。

◎ 每一道菜都是一种爱，学做菜，可能会让你更有爱。

◎ 做菜的男人是性感的，做菜是他们浪漫的武器。

◎ 做菜的男人能够品味出所有食物，包括女人的味道。

世界上有三种男人：既不做饭也不做菜的男人，做饭的男人和做菜的男人。

什么也不做的男人大致可以分为单身汉、懒汉、大忙人和娶了老妈型女人这几大类，在此不深入讨论。

做饭的男人和做菜的男人，这两类看上去很相似，但其实有很大的不同。

做饭，主要目的是让人吃饱。所以，做饭的男人，讲究的是实惠，是很好的居家男人。他会在下班后在菜市场挑选新鲜的蔬菜和肉，有时会买一条不大的鲫鱼，回家的路上已经开始构思晚上要用什么材料简单快速地做两三个小炒，再加一个汤。他在厨房里忙进忙出，砧板被切得"咚咚"响，还能够听到炒锅里的油爆出油星子的声音。切切弄弄一个小时，几个小菜就出锅了，样子清爽，荤素搭配，口味也清淡，一家人围着桌子坐在一起，一人盛一碗饭，看看电视聊聊天。

做饭的男人，他们会问你："吃饱了没有？""味道怎么样？"同时还配上一副憨憨的笑脸，双手放在身前搓着，有些紧张地等待你的评价。

如果说做饭的男人是人畜无害的，那么做菜的男人却随时随地在放电。

看过《分手合约》的人都不会忘记彭于晏在片中的厨师形象。他不是一般印象中大腹便便、满脸油光的厨师，而是一个拥有六块腹肌、帅气逼人的年轻人。

想象着他穿着围裙，在厨房里做菜的样子，你就会觉得，他比菜肴本身更诱人。宽阔的肩膀和坚实的肱二头肌若隐若现，在灯光下闪着健康的光泽，他的每一个动作都透着性感。

做菜的男人是性感的，做菜只是他们的手段，是他们浪漫的武器。而你，只会心甘情愿地臣服在他们带来的美好味觉之下，美食成了打开身体和心灵的钥匙。

做菜的男人，以做肉食的为最佳。无论是鲜嫩光华、冒着滋滋香气的牛排，还是整齐切片、残留着海洋清香的刺身，都是最性感的料理。肉食有嚼劲，食客在咀嚼的过程中，唇齿和肉食亲密纠缠，酱汁或芥末的浓郁味道布满口腔，残留的淡淡血腥味带动了人最原始的野性，让人想要卸下自己的所有伪装，展露最原始的本能。

其次是做色拉的。虽然蔬菜不能像肉食一般激起人类的原始本性，但是刀锋在砧板上切菜的声音还是能够激起心脏快速的跳动，"咚咚咚咚"，厨师的手臂肌肉也随着刀起刀落不断震动，让人有一种想要抚摸的冲动。五色的色拉，配上一勺西班牙橄榄油，顺滑清爽的口感让人欲罢不能。

最后是炒菜的。对于一个做菜的男人来说，炒菜的话油烟气太重，油盐酱醋柴米，不如做做西餐和寿司来得干净整洁。一个男人在闷热的厨房里端出一碗炒菜，脸上和身上被熏得油腻腻，多少会令人有一些扫兴。

我认识的第一个做菜的男人，是法国男人何塞。

在我第一次见到他的时候，他靠在酒吧的柜台边，个子不算很高，头发是天然的小卷，在昏暗的灯光下，他手拿一大杯的"白熊"，向我走来。

他低下头吻了我的手背，我看到他轻轻地嗅了嗅我手背。他告诉我，他是厨师，所以总是想要掌握各种味道。我问他我是什么味道，他笑着说，是spaghetti（意大利细面）和Cheshire（柴郡奶酪）混合的味道。我不吃奶酪，所以不知道Cheshire的味道是什么，他看着我的眼睛说，这种奶酪的味道和你一样光滑。虽然看不清他眼睛的颜色，但是我因此记住了他。

我第二次见到他的时候，是在他的店里。

我并不知道这是他的店，点菜的时候，也因为看不懂菜单上的法语而胡乱点。没过多久，侍应生来我的身边低语：

"Young lady, our chef has a special menu for you. Do you wanna have a try？"

（年轻女士，我们主厨为你准备了一份特别的菜单。你想尝尝吗？）

"Sure, but……Do I know your chef？"

（好啊，但……我认识你们主厨吗？）

我顺着侍应生指的方向看过去，看到何塞从厨房探出的身子。只是因为距离太远，我看不清他眼睛的颜色。

何塞给我做了小羊排，羊排被切得很整齐，配有西兰花和松露。羊排火候恰到好处，散发着浓郁的肉质香气。我用餐刀切出一块放入口中，鲜嫩的肉质带来的快感在口中弥漫开来，柔软而又有弹性的嚼劲让牙床不断运动，怎么也停不下来。

就在我沉浸在小羊排带来的美好口感之中的时候，侍应生端上了一盘cheese（奶酪）：

"It's a gift from our chef."

（这是我们主厨为你准备的礼物。）

橙黄色的Cheshire奶酪静静地躺在盘子里，散发着奶香味。我拿起一块来品尝，表面光滑得像是丝绸一般，柔软但又有着脆脆的口感。

我向厨房方向望去，何塞穿着合身的白色厨师服，正在忙碌地做着其他料理。他像是感受到我的目光一样，抬起了头，就在我们的视线对上的一瞬间，我想我爱上了口中 Cheshire 的味道。

我最后一次见到何塞，是在一个很安静的夜晚。

我回家的时候发现家门口有一个人影，走近一看，何塞静静地站在那里。

他看到我，对我笑了笑，说："我要回法国了。"

因为在黑暗里，视觉大大地被弱化，何塞身上属于厨房的香气浓郁了起来。

"我带了 wine（葡萄酒）和 cheese，想来和你告别。"何塞边说边晃了晃手里的酒瓶和纸袋。

那天晚上，我和何塞就这样一直坐在夜空下喝酒。

何塞教我如何用不同的 wine 搭配不同的 cheese。他不断地让我尝试各种搭配，整个晚上我的嘴就一直忙个不停，从清淡的意大利芝士到酸酸甜甜的德国芝士，我的口腔被不同的味觉搅动着，以至于不知何时我发现，我的嘴里已经不仅仅有芝士，还有何塞的吻。他温柔地用唇齿探索着我的嘴，舌头也像是要品尝我的口腔一般，仔细地探访每一个角落。他的吻深切而又绵长，我像品食弹性十足的布丁一般品尝着他的唇。这个男人的吻，如同他所做的料理一般，具有令人回味不已的味道。

亲吻的时候，何塞闭着眼，我还是不知道他眼睛的颜色。

后来他就走了，我再也没有见过他，也没有弄清楚他的眼睛到底是深蓝色还是浅灰色的。我只记得和他在一起的时候品尝过的种种奶酪，那种厚重的感觉——接吻。

做菜的男人，他们讨好的是女人的味觉。女人的敏感点，不仅仅在于她们的身体，更在于她们的味觉。

在寒冬腊月，身体需要裹着厚厚的脂肪和更厚的冬衣来御寒，寒冷的空气让人丧失了一切亲密的兴致。但是一顿热腾腾的火锅，却可以让女人重新光彩焕发起来，脸上飞上两朵和季节不符的红霞，脱去束缚的冬衣，血液被辣酱刺激，重新开始加速循环，身体从冰变成了火。

在半夜三更，整个城市都在沉睡，男人给腹中空空的女人做一碗热面，雪白的面条整齐地卧在碗里，几片酱牛肉切得薄薄的，一点青菜、一点葱花点缀在面汤上。当面的香气扑鼻而来，当筋道的面条和鲜香的牛肉在嘴里跳起华尔兹的时候，女人的心，也就完全柔软，完全敞开了。

女人的味觉，永远是她们最活跃的敏感点。而做菜的男人，手里有一把利剑，可以准确无误地刺中要害。

我在日本遇到过一个和爸爸年纪相仿的大厨，当时他正在和一个十八岁的姑娘谈恋爱。

他没有爸爸的啤酒肚，但是有爸爸所没有的健壮的胳膊和肩背，爱穿紧身的T恤，健壮的身体显露无遗。

有一次店里打烊之后，我对他说我饿了，想让他给我做点吃的。他稍稍想了一会儿，从柜子里取了一颗乌梅，又切了一块我爱吃的三文鱼刺身，给我做了一个简单的拼盘。

我见到刺身就问他要芥末，他却坚持要我尝尝乌梅配生鱼的味道。我把乌梅含进嘴里，酸酸的味道立刻占领了舌头的两侧，马上又夹了一块三文鱼送进嘴里，凉凉的生鱼肉恰到好处地中和了乌梅的酸味，厚厚的鱼肉服帖地盖在我的舌头上，这种味道，好像……

"像不像kiss（接吻）的感觉？"大厨笑嘻嘻地问我。

我一下子脸红了，大厨十八岁的女朋友听到我们的谈话，半真半假地嗔怪大厨又在乱搭讪。

做菜的男人本身就拥有一条美味的舌头，能够品味出所有食物，包括恋爱的味道。

你可以过
自己喜欢的生活

生活的乐趣，就在于能够以自己喜欢的方式面对一切。无论多少次迎着冷眼与嘲笑，人生的"逆袭"，唯有勇敢，才能成全自己。

在历尽苦难与折磨后，将有限的生命，引回波澜不惊的状态，是莫大的幸福。

你可以把生活过成你想要的样子，但请记得，任何状态，都需要充分的条件。

◎ 有时你会逃避，但终归还是要解决人生中的嘈杂与无序。

◎ 软弱和悲伤谁都有，正视自己，然后在平静中得到勇气，继续好好地活下去。

◎ 生活和自我是需要放开的，而不是放弃。只要你不屈服，谁也不能把你怎么样。

很多人都说职场如战场。不过有的人却用自己的人格魅力赢得了那一场场征战，还否决了那些诸如世态炎凉、人情冷暖的人生评价。

其实这些所谓的评价都只取决于你怎么去看待周遭的事物，很多的惶恐和恩怨都来自于自身的私心和偏执。如果你不曾想过踩着别人的肩膀往上走，那么别人也不会死命地把你往下拉。而一时的得力和成功，又能够代表什么，改变什么呢？

我知道隆哥这个人，是听彤彤姐说起的。

彤彤姐说，现在她有个朋友当老板了，混得可好了。还说，要是我们去厦门就直接找他，他管吃、管住、管娱乐。

那么好！这我可要了解一下。

彤彤姐说，那个人叫隆哥，特讲义气，特豪迈，还认识不少大有来头的朋友。隆哥是东北男人，确实够意思，够爷们儿。

我很好奇隆哥这一路是怎么功成名就的，所以就让彤彤姐详细描述，详细说明。

彤彤姐告诉我，隆哥当年其貌不扬，成绩也不怎么样，因为高考没考好就进了一所很普通的大学。大学期间，他也没怎么学习。可能是因为他知道，他们那会儿毕业了是分配工作的，所以他不着急。可是，到了大四毕业那年，好的地方的工作都被其他同学给占了，不少人都来了上海。隆哥却被分到了黑龙江一个制造锅炉的厂里，负责设计锅炉，他觉得很无奈……

不过他去了黑龙江之后貌似运气不错，有不少领导很欣赏他的才能和为人。于是，隆哥就一级级往上爬，收入也逐渐提高了。之后，隆哥就不想待在黑龙江了，想换个地方。那边有一个哥们儿本来就嫉妒隆哥升得快，就嘲讽他说："那你干脆换个国家待得了。"

那一年，倒也很流行移民国外。

隆哥琢磨了一阵子，就真想办法申请去了澳大利亚，还在那找到了一份工作，最后还移民了。

这一下子，隆哥可火了，真是红遍亲戚圈和朋友圈。

可是没过两年，隆哥又回黑龙江了。人家问他："你不好好地待在澳大利亚，回来干什么？"

隆哥说，他移民之后发现自己不太适应那里的环境。他想打扑克没人陪他打，他想喝酒也没人陪他喝，整天面对的就是遍野的飞禽走兽。

于是，隆哥就挂着澳籍在中国生活。

彤彤姐说，隆哥回来之后，把一群好友都探访了一遍，然后召集大伙儿开会，说他想创业，开个公司接项目，有谁愿意干的就跟他混。

当时，有不少崇拜隆哥的哥们儿一听，完全不用考虑，就说要跟着他混。结果，有一波人就这样跟着隆哥离开了黑龙江。隆哥那会儿对于去哪儿还没想好，不过他很快就选择了去厦门，照隆哥的说法是，去厦门是因为厦门能看看海，能吃吃海鲜……

一群人在厦门的一个楼里租了一间房，弄了个办公室，就这样干起来了。

隆哥来厦门之前就联系了几个以前公司的老板，又联系了一些航空公司的人，然后约他们吃饭，畅谈了一下自己的想法。

这生意嘛，双方都能有得赚就行，再说隆哥这个人看着就仗义，不糊弄人。所以，他们决定跟隆哥合作。隆哥在厦门做的业务是老本行，他只是把业务转接给了航空公司那边，专门给航空公司生产一些零配件。

这不，现在生意做得可是风生水起的。

彤彤姐说，前年隆哥组织同学聚会，大多数同学都混得很一般。可谓一入公司深似海，薪水和职称都没长过，一直在海里头漂啊漂。那年聚会，订酒店、吃饭、制作同学录等费用全都是隆哥一手包办的。

那些同学看到隆哥如此光彩，应该是又羡慕又妒忌吧。

听彤彤姐说完，我觉得工作能顺当，生活能快乐，都和人的性格大有关系。在学校的时候，隆哥就不玩拉人脉那一套，大大咧咧地与人相处。然后，出了学校他就开始拼搏了。我想，隆哥一定很讨厌溜须拍马的事，他要凭自己的本事打下一片天。说直白一点，隆哥就是个实在人。再说了，一个人如果工作努力，性格豪爽，为人细致，谁会不喜欢呢？

隆哥工作时升了职，估计也是从不摆架子，对同事们很好。不然，怎么会有一堆朋友死心塌地地跟他一起创业呢？

这样的人，我觉得去哪里都有路。

至于从澳大利亚回到国内生活，又可以看出隆哥生性喜欢热闹，喜欢朋友，在澳大利亚就他一个人，那不是要闷死他吗？

不过，一个人不出去走走，又怎么会知道国内的好呢？

彤彤姐说，隆哥现在一下班就约一群人去唱歌，三天两头还叫大伙儿到他家去吃火锅。照隆哥的话说，这才是人过的日子……

什么是生活？能让自己过上自己喜欢的日子，那就是最美好的生活……

PART
TWO

要什么完美？
有趣才是人生的至高境界

有时，
我也不太美好

    无聊、茫然、浮躁、沉迷，各种"青春病"和"都市病"都有一个解毒良方——成为有趣的人。

    知名娱乐记者葛怡然说："去做一个完美而不生动的蜡像，还是做一个经历丰富而有趣的人，全凭自己。"

    对于你，不必艳羡任何人，即便那人生看似是你满怀期待的。你不知道的是，完美无瑕的背后是千疮百孔。

    ◎ 一辈子不长，每晚睡前，原谅所有的不美好。

    ◎ 有些事，也许对最亲近的人都无法倾诉，不如记在日记里。

    ◎ 不完美才美，这样你就有不断接近完美的空间。

时光跑得太快，你根本追赶不上——无论你是骑着兔子还是跨着千里马。

那些想要念念不忘的事情，总是来不及思考就已经被翻了页。

无论舍不舍得，就像天黑天亮，中间都只隔着大梦一场。

大约是因为早早就明白了这件事，也知道记忆有时太不牢靠，我总是会习惯性地为每段时光留下些纪念。

比如一套《安德鲁·朗格彩色童话》，用来纪念小学时代；一瓶鼓浪屿的流沙，用来纪念同最要好的一帮朋友们在一起的那场完美旅行。

手机里面不愿意删除的短信，一直会堆到存储空间已满；许许多多的合照都不会丢，虽然相片上的其他主角也许已经失去联系；每一封收到的信和每一张明信片都小心珍藏，哪怕来自于远方的陌生人。

我一直很用心地收藏着，用这些纪念品来陈列那些流逝的时光。一个人的安静午后，有时也会摆弄几下，仿佛是跟过去的自己打个招呼。

可在这些纪念品里，也藏着有些我不太想要记起的不快乐的光阴。

年纪小的时候不懂事，我特别喜欢把生活演绎得大起大落，精彩得如同过山车。

那时候听陈绮贞唱："你累积了许多飞行，你用心挑选纪念品，你搜集了地图上每一次的风和日丽。"

我正要和当时的男友分手，原因是两个人每天吵架实在精疲力竭。

于是我跟他说："不如进行最后一次短途旅行，当作纪念。"

大约因为他也很年轻，对于这种纯属"折腾"的行为竟也一口答应。

第二天早上，我们坐了一个多小时的车子，去看了距离最近的一片海。大约傍晚七八点钟的时候我们回到了学校，疲惫地挥挥手道了再见。

关于那场持续了八个钟头的"旅行"，我已经没什么记忆了。只记得转身后手机响了，打开来看是他发的短信："祝你幸福。"

如果这段年少时的"折腾"就记得这么多，也未尝不是一件好事。

偏偏在海边手贱，和他一人买了一件纪念品：一只茉莉味道的小小香囊。

似乎是我当时说："等到里面的味道都没有了，我们也就忘了对方了。"

现在想来自己说过这样矫情的对白，真觉得羞惭万分，只想红着脸躲避。

但关键是，这只香囊竟然过去好多年都依然散发着幽幽芬芳，实在让人觉得出乎意料又无言以对。

而那代表着年少时的一场离别的香囊，竟也就成了一样悲伤的纪念品。

那段感情早已时过境迁，我长大后也渐渐明白——这一场无果而又用力的恋爱，大约只是给少年浪漫情怀找了一个不合适的寄托。

然而想到那场离别，我终究还是觉得伤感。

记得我说我们会忘掉对方的时候，他叹了一口气，说："早知道会变陌生人，不如当初一直做好朋友。"

很多年过去，我已经忘了他说过的甜言蜜语，忘了我们许下的海誓山盟，也忘了在一次次的争吵中我们曾如何用力地伤害过对方。

可我却始终记得他这一句话。那仿佛提醒着我，曾经如何因为一段错误恋爱的开始，失去了一个本该亲密的朋友。

每当看到那只香囊，我心里就会觉得有种堵塞般难言的伤感。

那会让我记起一段不该挂怀的遗憾，叹息一场早已模糊的别离。

直到有一天，我无意中看到那个男生同自己女儿的合影。原来他已经结婚数年，并且有了可爱的小公主。

我心里倒没有多少感叹，只是突然想起那只放在抽屉里的香囊。

拿出来的时候，它还执著地散发着幽幽的茉莉芬芳。

而我却突然明白，这么多年来，它所代表的那股说不出又丢不掉的遗憾与伤感，是多么多余，多么无用。

假如成长都已经被真实经历，现在的自己当然也不会再重蹈覆辙。那么这些徒增伤感的纪念品，又究竟是为了什么？

我终于释然地将那只香囊丢进了垃圾桶。

那一瞬间，我竟然觉得快乐，甚至有些解脱地想："要是当初根本没有买这只香囊多好。"

如此，我便可不用记起这样一段遗憾，不用伤感这样一段时光。

那个下午，我狠狠地回忆了一遍脑袋里不想再挂怀的那些悲伤。

那些以"假如"开头的遗憾，那些舍不得与不甘心，那些难以原谅自己的过错，那些念念不忘的低谷时光。

——有什么用呢？都丢掉吧。

我时常会想，"念念不忘"这四个字，究竟讲的是怎样一番心境。

有时候它代表的是勤奋——朱熹说："惟其反躬自省，念念不忘。"

有时候它代表的是执著——就像电影里的叶问说："念念不忘，必有回响。"

有时候它代表的是勇气——就像王菲歌里唱的："要有多坚强，才敢念念不忘。"

可是在我们日常生活中，听到这四个字，更多的却带着悲伤。

一次失败，一场离别，一个遗憾，一念之误……

太多太多念念不忘的悲伤挡在前头，好好的晴朗天气都要被遮住一片阳光。

选择自己的记忆，当然是每个人的权利。

可是假如你想要过得快乐，为什么还要抓着从前的悲伤不放？

曾经有人问我，实在不喜欢自己身上的某个缺点，却又无法改变，该怎么办？

我想这大约也算是一种悲伤。虽然它并不像遗憾一样微小，也不像想念那么悠扬。

很小的时候曾经看过一个简单的童话，具体的情节有些记不清晰了。

大意就是两个兄弟分别想要当音乐家与画家，却不幸一个耳朵失聪，一个眼睛失明。

在他们绝望之余，上帝化身为一位智者，为他们指引方向——让失聪的孩子去试着画下安静而美好的世界，让失明的孩子用双手弹奏纯洁而真诚的音乐。

当他们接受了自己缺点的那一刻，他们便惊喜地发觉了自己意料之外的天分。

另一个故事则发生在现代，也更加真实。

一个耳廓不漂亮的女人一直因为自己的耳朵自卑着。但也正因为她想要修饰自己的耳廓，便对于耳饰极为留心，慢慢地竟涉足珠宝业，成了一名优秀的珠宝设计师。

在这个世界上，从来没有一样东西是完美无缺的。

从某种程度来说，我们每个人也都会有一点点不完美的缺陷。

可也正是这样的缺陷，使得我们在这个偌大的世界里显得更加特别。

从来就没有什么缺陷，会完完全全带来纯粹的不幸。

所以，与其怀抱着无法改变的事讨厌自己，不如勇敢起来，和悲伤说再见。

只有接受并喜欢上最真实的自己，才能遇见更好的明天。

依稀记得大学那几年的末尾，女生宿舍里，大家总要捧着"来年"的星座运势预测，聚在一起叽叽喳喳。

转眼那些"来年"也都变成了载着离人开过眼前的火车，还没来得及告别完，就飞速消失不见。

而终究，我们的那些年也没有按照任何安排和猜测，规规矩矩如数上演。

始料未及的相遇和分散，云淡风轻的相爱和相离——在那些太灿烂的青春里，总是有太多意料之外的收获和失去充斥着每一天。

嘴巴里说着"哎呀呀生活这样无聊，时间怎样打发"，眼睛里看着车来车往，青春就这么一点点带着遗憾倾洒。

如今长大了一点点，想起那缤纷的过去，却终究总是更愿意去回顾快乐的一面。

既然悲伤与寂寞都再平常不过，那么——

让精彩生命都被多余的伤感浪费，多可惜？

毕竟在短暂的一生中，珍贵的从来是时光，而非不开心的回忆。

少一点伤感，多一点努力。改变那些让你难过的，接受那些无法改变的。

假如一切已是过眼云烟，你就更不需要将悲伤当作纪念。

没有人
可以永不妥协

　　自恃清高，总是和别人过不去的人，是非常无趣的。他们那
趾高气扬、盛气凌人的姿态，透露的是对人生的无知。

　　懂得生活乐趣的人，会谦卑地看待世间万物。他们明白，没
有人可以永不妥协，但妥协不是简单地向别人低头，单纯地让步
或屈服，而是一种恰到好处的技巧和智慧。

　　◎ 成长，原本就是一个学会妥协的过程。

　　◎ 当你想得到高处的东西时，必然要放低姿态。

　　◎ 只有低下过的头颅，才知道如何仰起来。

　　小E男朋友的外号叫"林圣人"，这绝对不仅是因为他三年之内换了五份工作，更是因为他有着一副悲天悯人的心肠。

　　他第一次辞职，起因于看不惯一位老同事的抄袭伎俩。事情是这样的，新入职的小姑娘，辛苦一周写了一篇稿子，结果被那位老同事改了几个字之后，就署上了自己的名字，然后交给总编邀功。开周会的时候，他毫不留情地揭发了这一事实。可明明是受了委屈的小姑娘竟死活不敢承认原稿出自自己之手，她带着敌意的眼光像是在跟他划清一条无形的界限。"林圣人"仰天长叹世态炎凉，然后摔门而去。

　　他的第二份工作是在一家日企，老板是日本人但是讲着一口流利的中文，发工资的时候慷慨大方，并时不时邀请员工们出去玩乐。可是，他干不满六个月就离职了，理由是陪着日本老板出差时，路过一条小巷看到满街乱扔的垃圾和猖狂飞舞的苍蝇，日本老板情不自禁地皱皱眉叹了一声："中国人啊！""林圣人"的民族情结顿时暴涨："中国人怎么了，你们日本人就了不起，就全都素质高吗？当年大屠杀的时候怎么看不出来呢？"三天之后，他就被"炒了鱿鱼"。

　　后来他又去了一家广告公司，因为看不惯没本事的同事攀高枝上位而离职。

第四次离职，是因为上级不批准他休假一周去某山村支教。

第五次离职，是因为他大义凛然地指责一男一女两位同事不应该有办公室恋情，索性自己先辞职了。

每一次离开，他都会告诉小E："亲爱的，我保证这是最后一次。"

而小E只能默默地跟在他身后，用微薄的薪水垫付起当月的房租、网费、水电费、电话费等各项支出，然后含着眼泪安慰担忧的家人："没关系，我相信他，他一定可以找到下一份工作，然后安定地停留在某个地方。"

他们之间不是没有争吵的时候，可"林圣人"总是振振有词，"如果每个人看到不公平都不发声，这个社会就永远不会变好"，或者"在这样的公司根本没有前途，只有靠实力说话才是真招"等，说完之后则会涕泗横流地抱着小E："亲爱的，你要相信我，我一定会为你创造一个美好的明天，你要对我有耐心。"然后温柔地亲吻她因为骑自行车而磨出老茧的手掌或在寒冷冬天洗衣服而冻得通红的手指。

小E每每沦陷于这样的温柔中，就会生出更多的耐心，随着他折腾。

可是时间对"林圣人"是没有耐心的，尤其是在这个寸土寸金、日新月异的城市。

三年过去，听说那个稿子被占的姑娘做了副主编，那个叹息着"中国人啊"的日本老板娶了个泼辣爽朗的四川姑娘，跟他一起入职的几位同事相继做了高管，拒绝他请假去支教的经理给希望小学捐了十万元……

世事就是这样，像讽刺小说一样奇妙。

只有他，哦不，还有小E，依然在吃最便宜的方便面，算计着每一天烧开一壶水要费多少度电，走几站路去买粗糙发黄的特价卫生纸，像秋末苟延残喘的蚊虫，忙碌而看不到未来。他们在这个车水马龙的城市里灰头土脸地活着，苍白悲哀的背影落满擦不净的尘埃。

可是"林圣人"丝毫没有觉得有什么不对，依然逢人就侃侃而谈他崇高伟大的理想，并夹杂着对阴暗世界无限的鄙视和神伤。

小E总是默默地坐在他身边，用崇拜而又鄙视的矛盾眼神看着他，看他像是一杆没有被开光磨过的银枪，散发着不够凛冽锋利但又微弱的寒芒，不知天高地厚地想要单挑整个世界。

我不知道"林圣人"有没有读过史书。历史中，那些真正的斗士，并不会为了理想而轻易牺牲，他们会妥协蛰伏、委曲求全，然后等待反戈一击。

真正有信仰和坚持的人，并不一定要昂首挺胸地跑到终点，而是只要能够到达终点，不管是走是爬都是值得敬仰的。

没有谁的一生可以永不妥协，而年轻时的妥协并不算是懦弱或者虚伪，学会适当的妥协甚至可以称得上是一门艺术。当你没有资源、资历和能力去改变什么时，与其打着正义、公理和实力的旗号做个愣头青，将自己碰得头破血流，不如默默地在心中守护好一道底线，不动声色地活得像个卧底。

就像只有低下过的头颅，才知道如何仰起来。而你低下头，并不会让你忘记自己是谁。

就像连岳写过的："一个人的勇气与耐性，只能够支持若干次的挫折，不要把它浪费在小事上，留着它，培养它，壮大它。总有一天你会像巴尔扎克一样，需要用它来征服巴黎；你会像汉尼拔将军一样，需要用它来翻越暴风雪中的阿尔卑斯山。等到手中有了一副好牌，再来好好地赢一把。"

而"圣人"式的自以为是之所以可笑又可悲，并非在于他愿意以一己的微薄之力与整个世界抗衡，而是拼尽了所有，却连与这个社会鱼死网破的资格都没有。

"林圣人"曾自比屈原和鲁迅。可他也许忘了，屈原本就是士大夫，在整个楚国举足轻重；而鲁迅在"横眉冷对""嬉笑怒骂"之前，也早已凭借自己犀利的文笔和思想在文坛中占有一片天。

如果他们什么都没有，只知道盲目地坚持和抱怨，那么他们恐怕也只是历史的一片风烟罢了。

我很想告诉"林圣人"这些，我不怕他指责我崇洋媚外、胆小懦弱，成为"不敢发声的大多数"。

我只想告诉他，与其怀揣着不切实际的理想和热情逞匹夫之勇，还不如在妥协与磨难中成就最好的自己。

最后，希望这样的"圣人"能够少一点，再少一点。

人和人的相遇
本该充满善良

　　以取笑别人为乐的人，是深受我们鄙夷的。可是，我们有时也会不自觉地放大自己的语言暴力。

　　在这个信息瞬间就会蜂拥而至的时代，我们往往来不及思考与辨别，就做出了自以为正确的判断，殊不知离真相却千差万别。

　　所以，请你在任何时候都多一点善意。

　　◎　社会越来越多元化，个体差异也越来越大，收起刻板印象，是看待他人的前提。

　　◎　如果没有直接冲突，不如先换位思考，衡量自己是否带有偏见。

　　◎　人之所以武断，是因为没想过慢下来，请给自己一点思考的时间。

现代社会中，存在着一个日益受到人们关注的新名词：语言暴力。

它不会像传统的暴力行为那样给人带来身体上可见的创伤，却往往会在承受者的心里造成巨大的冲击。

谩骂，蔑视，诋毁，嘲笑，讽刺……

比起身体上的创伤，这些语言暴力带来的痛苦常常更加复杂、深刻。在语言暴力环境中成长起来的孩子，也往往背负着常人难以想象的压抑。

因为，不是所有自尊心被鞭笞的痛苦，都可以像肌肤上的红肿一样自然痊愈。

我至今仍记得小学时一位转学的女同学。

低年级时，她曾经是班里最容易被拿来取笑的学生。

男生们把她当作"丑八怪"和"笨蛋"的代名词，女生则会排挤她，禁止她参加跳皮筋、砸沙包甚至扮演电视剧角色等一切的活动。

还记得有一次大家演《新白娘子传奇》，谁都不愿意当讨厌的法海。

她怯怯地从角落发出微小的声音："不然我来……"

有几个女生犹豫起来。扮演白娘子的"大姐大"却一把将她推开："能不能离我们远一点啊！烦不烦啊！丑八怪！"

于是她静静地走开了。

她没有太多的惊讶，仿佛早就预料到了这样的结局。

在我印象中，她瘦弱、苍白，长相算不上十分美丽，但似乎也不失清秀。

她内向而寡言，讲话细声细气，并且沉默的时刻居多，也断然没有做过什么引起公愤的坏事。

我想了很久，才想起来她遭到大家冷落疏远，甚至嘲弄取笑的最初原因。

她的数学成绩很差，屡次遭到过数学老师的当众侮辱。

那位数学老师还警告全班："不要跟这个笨蛋说话！"

而那时的我们，还太过年幼，以至于没有人想过去反抗这样的语言暴力，反而都被数学老师的威胁吓得说不出话来。

如今想来，那个年轻的数学女老师简直是个恶魔。

由于她的数学成绩实在太差，并且始终没有起色，老师曾经多次当众责骂她"丢了全班人的脸"，甚至连她穿了一件新衣服来学校，老师也会说："你这样的丑八怪，穿什么衣服！"

长大后我才明白——不过是她拉了班级平均分，影响了老师的奖金评定。

更可怕的是，原本应当纯洁而"性本善"的孩子们，竟轻易就越过了同情，投入到取笑她的快乐之中。

　　无论她的外表、智商、性格还是名字，孩子们都能够从中找到取笑的点而予以抨击，甚至质问。

　　当然，不是所有的同学都选择了那样邪恶地去欺负她。

　　更多的人选择了沉默……比如我。

　　我不知道大家为什么没完没了地指责她的一切，可是我也不敢同她讲话——因为害怕凶恶的数学老师真的会像对待她那样，当众对我进行责骂。

　　虽然我曾经很多次对于她的遭遇感到难过和同情，但我始终没有站出来为她说一句话。

　　大概是，惧怕自己也会成为下一个她。

　　可最终，我还是意外地同她有了一次交集。

　　那是一节体育课上，同学们都跑去操场上玩耍，我却因为中暑坐在教室里。

　　也许实在太无聊，我便趴在书桌上睡了起来。一觉睡醒，空荡荡的教室里只剩下我和她两个人。

　　"你怎么不出去玩？"她问我。

　　"我中暑了。"我小声地说。

　　她点点头，继续摆弄手中的一个小小玻璃瓶。

　　"那是什么？"我忍不住问她。

听到我的询问，她仿佛很快乐的样子，迅速跑到我身边坐下，将那个小小的瓶子放在我眼皮底下：

"这是我的小鱼。"

我不可置信地看过去——那个打针时见到过的、装青霉素的小瓶子里，竟然真的有一条很小很小的橘色的小鱼。

在大约两指节长的迷你瓶子里，盛着一小瓶透明的水，那条小小的鱼正在其中快乐地游来游去。

看到我很喜欢，她主动说："我送一条给你吧，我还有新的，每条小鱼都装在一个瓶子里。"

我问她哪里来的，她笑着说"不告诉你"。

当天下午，她便悄悄把我拉到楼梯下面的暗处，塞给我一个装着小鱼的瓶子。

"我挑了条游得很欢快的给你。"她开心地说。

我握着那个小小的瓶子，心里感动极了。

她停顿了一下，说："不然我先出去？这样大家就不会知道你和我一起了。"

那一瞬间，我心里觉得难过得要命。一股正义感从我小小的身体里腾空而起，令我一把抓住了她的手臂："没关系，我们一起出去。"

她回头看我——那双眼睛里的惊喜，我到今天都无法忘记。

同样无法忘记的，是我很快就被叫到了数学老师办公室。

那个恶魔般的数学老师，对待我却似乎和颜悦色了很多。她让我坐在椅子上，并且递给我一颗透明的水果糖。

我犹豫着要不要接。眼前的数学老师在我心里，就像是个拥有很多毒药的巫婆。

巫婆般的数学老师温和地开口："听语文老师经常说起你，说你作文写得很好。"我战战兢兢地点点头。

她又说："你的数学成绩也不错，真是个听话的乖孩子。"

说着，她摸了摸我的头发。我感到害怕极了，仿佛下一秒她就会伸出尖利的指甲戳我的眼睛。

"像你这样的乖孩子、好学生……怎么能跟那种人混在一起呢？"她的眼睛里露出厌恶的神色。

"老师知道，你肯定是想要启发她、帮助她。但她那么过分，我教了那么久，那么简单的东西她都答不出来，你说她是不是故意的？假如不是故意气我，那她就是笨。"

我始终不敢出声。

"好了，你回去吧。那种人就不要跟她讲话了，活该大家都讨厌她。"

这是走出数学老师办公室之前，我最后听到的话。

后来，那只小瓶子里的鱼很快便死掉了，我觉得很难过，很难过。

而她曾经用探寻和期待的眼神看着我，似乎想要问我——"你愿意来和我玩吗？""你喜欢我的小鱼吗？""送给你的小鱼哪里去了？"

可我始终没有敢迎上她的目光。

我们之间那次短暂的交集，就换来了一条生命极为短暂的、装在小玻璃瓶里的橘色小鱼。

三年级开学时，她没有出现，甚至没有人发现她的消失，直到班主任带来了一位新同学。

"杨光同学是从××小学转校来的，刚好咱们班孙葵走了，杨光就加入了我们班级温暖的大家庭。"班主任慈眉善目地带头鼓起掌来。

新同学是个高大爱笑的男生。他踢球踢得很好，很快就和同学们打成一片。

没有人会记得那个默默走掉的她。

我跑去班主任办公室，小声地问："老师，孙葵去哪里了？"

班主任有些惊讶，继而轻松地说："听她妈妈说她不想在这里念书了，不知道跑去哪里了。"

我愣了一下，说完"谢谢老师"便跑出了办公室。

她的离去，也许我是唯一注意到的人。

可即便是我，也在后来的生活中很快将她淡忘。

唯有在后来大学同学们聊起"那些过去很坏的小学老师"时，我才想起来这件事，跟她们讲："我们小学一二年级时的数学老师，因为一个女生数学成绩差就禁止全班同学跟她讲话。"

大学同学们都很震惊："这也太过分了吧！这样的老师真应该被赶出学校！"

可惜，那时的我们只有七八岁。我们不敢想象把老师赶走，甚至不敢把这些事告诉家长。

而那时的我们，最终竟也成了那场漫长暴力中，无情的施暴者或旁观者。

当我们回过头来看我的女同学那段无助的遭遇的时候，大多数人都会感到愤怒与同情。

可是，在你清楚地看到真相之前呢？

是否你也会一不小心，就成了一个麻木的旁观者，甚至一个起哄的施暴者呢？

那些取笑过那个女同学的孩子们，总会长大成人，明白事理。

当他们回顾那段时光时，或许会感到一丝丝自责，但那终究只是一闪而过。

我不敢想象，那时痛苦转学的她，究竟去了哪里，有着怎样的童年与青春，是否摆脱了那段噩梦般的记忆。

我只知道，假如童年可以重来一次，我会选择握住她的手，感谢她的那瓶小鱼，并且告诉她不要怕，我会和她一起玩耍。

我会告诉身边调皮的男生不要去试探她的惊慌，劝说周围傲慢的女生停止欣赏她的失落与崩溃。

我会将那位巫婆般的数学老师的种种作为告诉家长，让他们告诉校方，这样残忍而邪恶的人不配出现在孩子们的童年里。

我会努力安慰她，热情地陪伴她。

我希望这世界上不再有那样可怜的孩子，也不再有残忍的伤害者、幼稚的起哄者以及麻木的围观者。

在这个世界上，人与人的相遇本都该是一场一场的善良剧场。

即便你不想给予温暖，也没有任何人有任何资格用言语的暴力伤害任何人。

我们活在了
一个看脸的时代

　　现在很多人对外貌的关注，已经陷入一种集体错觉，认为内在根本不重要，只要长得美就能事事顺心。

　　其实，在这个看脸的世界，美貌只是带来了命运的优先入场券，要走得好、走得稳，还得有头脑、有智慧。

　　◎ 做不了漂亮的人，就去做一个可爱的人。

　　◎ 美的方式有很多种，靠脸只是其中一种。

　　◎ 任何时候，真正考验人的都是能力和才情。

某台有一档烹饪节目，常常邀请来自不同菜系流派的厨师在镜头前相互比拼厨艺。本来我对这类节目并不关注，让我注意到它的，是最近播放的中国和意大利两队的名厨比拼。

我的一个女性朋友，在看了这集节目后一脸失望地评价："中国大厨站在意大利大厨身边，形象气质真是差太多了……"的确，电视里的中国大厨还是"脸大脖子粗"的传统形象，站在高大俊朗、穿着考究的意大利厨师身边，好像从外形上就输了。

"为什么这些外国大厨都这么有型有款，中国的看上去都像是伙夫？"朋友颇有不满，转过头来问我说，"你在国外这么长时间，一定看到不少帅气的厨师吧？"

"这倒是真的……"我告诉她，我在葡萄牙认识一个澳门女孩子，她曾经和一个意大利男人约会过，听说是做厨师的。

朋友一脸羡慕地问："帅吗？"

我问她："为什么听到厨师的时候，你先问我帅不帅，而不问我，他做什么菜，做菜是否好吃？"

她一下子说不出话来。

不知道从什么时候起，我们开始生活在一个看脸的年代。

不仅仅是闪烁着熠熠星光的明星，就连我们身边那些极其普通的职业，我们也开始以一种严格的外貌标准来要求他们。

　　我们关注的，不再是厨师是否能够做出色香味俱全的美食，而是他们的围裙之下是否有六块腹肌。

　　登上搜索榜首的交警，不再是最辛勤工作的那个，而是长得最像吴彦祖的那个。

　　人们最热衷的发型师，不一定能把一头秀发打理得最出色，但必然长得如同日本明星一般秀气。

　　说得一口纯正英音的英语老师不一定能得到学生的喜欢，但是身材好、长得漂亮的就一定会。

　　这是一个看脸的时代，这是一个注重外表的时代。

　　相比好手艺、好功夫，也许一张漂亮的脸更能够吸引客流。

　　在网络上搜索"美食达人"，网页上跳出来一片长相甜美的男孩女孩，捧着一些精致的吃食，对着镜头微笑着，一脸幸福的样子。联想到最近在网络上很火的几个美食博客，美女博主不一定拿得出美好的食物，但一定会有美好的胸部。只要随便搜索一下，每个人都能够找到一些很棒的餐厅，当中每一间都会有充满故事的美女老板娘，或者帅哥大厨，或者浪漫的回廊，或者小资的花园。虽然有各种川菜、粤菜、创意菜，但是我一点都记不得其中滋味。

　　那种令我感动的味道，好像从高中毕业之后就再无体验了。

　　还记得高中的时候，学校附近有一家烧饼摊。它没有名字，因为老板是个胖子，所以我们都管它叫"胖子烧饼"。

烧饼摊就搭在大道旁的一个简陋的屋棚下，设备只有一张揉面的木桌和一个烤饼的大炉子，仅此而已。

虽然家长和老师都不让我们吃路边摊，但是胖子烧饼仍是我们的最爱。

到了放学，总有一群充满青春和饥饿感的学生从学校里冲出来，围着简陋的小摊，拿着不多的零花钱，买一个烤得有些焦黄的烧饼解馋。我还记得在那个时候，瘦肉烧饼一块五一个，肥肉烧饼两块一个，可以选择甜和辣两种口味。虽然瘦肉的比较便宜，但最畅销的总是肥肉辣烧饼。那种香脆的口感和滑而不腻的滋味是我们在教室里忍耐一整天的动力。

胖子店主总是满脸大汗的样子，不知道是因为烤炉太热还是因为生意太好。他腆着不小的肚子，光光的头上是不断流淌的汗珠，亮亮的大脑门也长得像是一个大烧饼。

我们吃着胖子烧饼，刷着黄冈考题，从高一到了高三。胖子也买下了附近一个小小的店面，虽然还是没有店名，但是至此，烧饼摊总算是有了个固定地址。

后来，不知道经过怎样的口耳相传，胖子烧饼一下子火了。我每次经过的时候，店门口总会大排长龙，甚至还有电视台和报社专程来采访这个一直做烧饼的胖子。

还记得有一天，我穿着像白菜一样的校服饥肠辘辘地挤在烧饼店前，举着两个硬币说："瘦肉辣烧饼，多加辣。"胖子接过我的钱，递还给我一个可以和我的脸比大小的烧饼，我迫不及待地站在烧饼摊前啃了起来。

那个时候，胖子烧饼的生意特别好，他叫了一个不知道是女朋友还是姐妹的女人来帮忙。女人和胖子长得有点像，也有点黑黑胖胖的。我在一旁啃烧饼的时候，就听到她一边揉面团一边嘱咐胖子："都是要上电视的人了，好好减点肥。明天去我小姐妹的店里给你挑几件好衣服。"

"我一个做烧饼的，那么讲究干吗？"胖子擦了一把汗，继续往锅子里贴烧饼。

"那可不一样。上电视像你这么邋遢怎么行？你看你那头发，都几天没洗了。"女人嫌弃道。

"嗨，就想着做烧饼了，哪管得了这么多。"胖子说。

听了他们的话，我第一次仔仔细细地打量了一回做烧饼的胖子。虽然已经吃了三年他做的烧饼，但我才发现原来他嘴角长着小胡子，笑的时候看上去特别憨厚。

"怎么了小姑娘，不合胃口？"胖子看到我拿着吃了一半的烧饼站在旁边发呆，以为是他的烧饼没做好。

我使劲摇头，照着烧饼大口地咬了下去，一阵辣味刺激着喉咙，连后背都辣出汗来。

"你们都在长身体、要营养的时候，所以我在烧饼里用的都是里脊肉，"胖子憨憨地说，"是最好的肉，多吃点才能长个子。"

我点点头。

我毕业几年后回去过，胖子还是那个土气的胖子，他的店面一直都破破烂烂的，他做的烧饼也从来没变过味道，是我吃过的最好的味道。

朋友对胖子烧饼不感兴趣："烧饼多土啊！"她只是不断地向我打听那个和意大利厨师约会的女孩子的故事。

我只好继续对朋友讲，我说："他们约了两次会，意大利厨子想要进一步的关系，女孩拒绝了，然后意大利厨子就开始约其他人，他们也不再联系了。"

朋友问："没了吗？"

"没了啊。"我说，"再帅的厨子也是厨子，意大利男人也是男人，不过是艳遇一场，再正常不过。"

就算是再帅气的"型男"，他做出来的烧饼也不会比胖子做得好吃。

就算有意大利、法国、西班牙血统，他对女孩说"约吗"的时候也不会比其他人更有创意。

　　就算经历浪漫的异国艳遇，不靠谱的爱情总归也得不到好结果。

　　一个厨师，最重要的终归还是做东西好吃，美男厨神这种事，还是留给电影和小说吧。

爱自己，
不必假于外物

爱自己是直面人生所有问题，自己真正为自己承担起责任，而不是假于外物，一味索取。

你要认真面对青春、婚恋、友情、机会、生死等主题，解决畏惧、自卑、失控、抑郁等问题。

◎ 人生的意义首先是做一个对得起自己的人。

◎ 每个人都必定要经历沉默、黑暗、伤痛，才无限接近于完整。

◎ 一个与自己疏远了的人，一个抛弃了真实自我的人，根本不可能爱这个世界。

"我忍受不了穿着邋遢的帆布鞋，嘴里啃着汉堡包，手上拿着热咖啡，行色匆匆的那类人——他们难道不怕忽然遇到什么意外，将咖啡洒在自己身上？我更受不了身上挂满金项链，手上戴满金戒指，恨不得把整个身家都放在身上的'土豪'叔叔。"

T小姐说这些话的时候，正将纤纤玉腿搭在桌子上，用一种悲悯的姿态看着办公室里的每一个人。

我们瞟着她那乱得一塌糊涂的桌子：喝水的瓶子在打印机这边，而瓶盖早已到了电脑后方，充电器揉成一团躺在键盘上，几个购物袋则横七竖八地占据着这不大的办公桌。

这就是T小姐的人生——外表光鲜靓丽，实则凌乱不堪。

"T小姐，照你这样说，你就是典型的外表协会VIP成员，但人不能只关注外表。"办公室里的R很不服。

"不懂得爱自己的人就不懂得爱别人。"T小姐一摆出这样的理论，我们几个都鸦雀无声了。

"乱花渐欲迷人眼"，T小姐总是在纠结与被纠结中徘徊着，也总在选择物质还是精神中徘徊着。

拥有青春靓丽外形的T小姐，总能遇到向她献媚的男人。这些人也都奇怪，总在T小姐放下矜持，接触两三次后就不了了之。

T小姐有些气急败坏了："凭什么啊？A不就是有两个臭钱吗？

B不就是有点才华吗？ C不就是有点帅吗！我不就拒绝了几次约会吗？女孩难道见到个不错的就要上赶着？"

直到有一次，我陪T小姐去相亲，发现了一些端倪。

那个男孩不太爱说话，但他看到T小姐时，我能读到那目光里的惊艳与惊喜。

随后，我们一起去吃饭。T小姐坐在那里只是吃饭，一言不发。男生不知做错了什么，而介绍人只好不断地讲笑话，以此化解尴尬。

终于吃完了饭，介绍人对T小姐说："那我们顺路送你回家吧。"T小姐脸色一变，摆手说道："不用了。"

"都已经9点了，反正也是顺路嘛。"介绍人说这话的时候有些许无奈。

"真不用了，我们走吧。"T小姐拽着我就走了。

走在小道上，T小姐喋喋不休："天哪！我真是一刻都坐不住。这介绍人也太不靠谱了吧，这样的人真无趣……还要送我回家，他难道看不出我想赶紧躲起来吗？"

"你有没有觉得自己做错了？"我幽幽地说。

"我做错什么了？"T睁大眼睛，感到莫名其妙。

"你不喜欢他，没看上他，没有感觉，这都是你的事情，没有问题。可是介绍人给你做媒，就是好心帮你，无论如何你应该感激她。

而那个男孩，他更无辜，他处在被选择的状态，你没有看上他，但不要当面伤害他的自尊。他们送你回家，是为了完成一次仪式、一次过程。你们相处的时间不过短短十五分钟，你回到家后，完成了这个仪式，可以跟介绍人说没有感觉，这样双方都有了面子，不会觉得难堪。而你刚刚的行为无疑是当面撕开了那个面子，让那男孩处在一个被人当面否定的状态中。"

"做人干吗要那么虚伪？这是我真实的感受，我不想掩饰。这就是我，我爱我自己。"T理直气壮地回答。

在这之后，T仍然忙于约会，依然会将自己收拾得光鲜亮丽，踩着10厘米的高跟鞋，似花蝴蝶般在人群间翩翩起舞。

公司年会上，一个久经沙场的销售总监看到了T，看着她习惯性地等待周围人给她拿香槟后，他笑了："T只可远观。"

我愣了愣，问他："为什么？"

他说："T是个缺爱的女孩，她希望周边所有人都宠爱她，一旦有人没有达到她的预期值，她就会伤心，就会指责，就会逃避。她其实不知道自己究竟需要什么。"

"唯有爱自己的人，才会成为爱的本身。"总监笑着将香槟递给了我。

口口声声说爱自己的T小姐，其实并不懂得如何真正地爱自己。

爱自己，不必假于外物，一味索取。索取资源，索取爱情，索取金钱，只会在伤害别人的同时，也伤害自己。

人有两次生命，一次是肉体出生，一次是灵魂觉醒。当你觉醒时，你将不再寻找爱，追求爱，渴望爱，而是成为爱，创造爱，这时你才真正地活着！

不要让爱自己成为自己最艰难的决定，照顾好自己，学会爱自己，才能有能力爱别人。如果一颗心千疮百孔，住在里面的人，难免会被雨水打湿。

不要忙着
挤进别人的圈子

　　比你厉害的圈子有很多，为什么偏偏你挤不进去呢？因为满足别人需求的能力决定你在别人眼中的价值。你没有那个能力时，别人凭什么接纳你呢？

　　圈子不同，即使强融进去，也会成为那个群体里的异类，显得格格不入。所以，圈子不同，不必强融。

　　◎ 当你足够好，自然会遇到更好的人。

　　◎ 别一股脑扎入耗费自己精力，最后让自己没有任何成长的圈子。

　　◎ 即便你在圈子里和一群人共事，也要谨记独善其身。

有时候，我们挤破脑袋也想融进别人的圈子，以为这样就可以被别人接纳，完善人际关系。但是，如果自身实力不够，即便勉强进入别人的圈子，也一样会被排斥。当你的资历和能力达到一定程度时，自然有相应的圈子接纳你，在这之前，请别着急。

刚大学毕业时，我来到一家公司当实习生。原本，我只想在这里增加点阅历和经验，弄一张实习证明就另谋出路。没想到，项目部陆经理见我做事勤快，很有干劲，就许诺我，三个月后他会让项目部的九位同事给我评分，如果大部分同事都认可我，就给我转正。

这么好的机会摆在面前，我自然要好好珍惜。于是，我打起十二分精神投入到工作中，尽最大努力做好每一件事。

此后半个月内，我对公司的工作流程渐渐熟悉，处理各类事务也愈加得心应手，自我感觉三个月后转正应该没问题。可是，当我无意间看到办公桌上孤零零的饭盒时，突然意识到一个严重的问题：自打进入公司以来，除了在工作上跟同事们有所接触，其他时间我都独来独往，吃饭一个人去，下班一个人走，可以说是一点人缘也没有。

想到我的转正需要同事们给我评分，我不禁心里发慌。看来不能一味地蛮干，必须跟同事们建立起良好关系。

接下来的日子，我就从负责带我的两个同事张哥和刘姐着手，先跟他俩打好交道。每天上午，我都会提前半小时到公司，帮他们把办公桌擦干净，把资料弄整齐，并给他们倒好热水。中午吃饭时，我跟着他们一起去餐厅，坐在旁边听他们聊天。下班后，我等着他们一起去坐班车。总之，我想尽办法讨好他们，希望尽快被他们接纳，成为他们常说的圈里人。

又过了半个月，在我觉得跟张哥和刘姐相处得还不错的时候，发生了一件事。

一天下午，离下班还有一个小时的时候，张哥交代我写一份材料，说必须下班前写好，他有急用。这时，刘姐也给我分派了一个填报表的任务，让我下班前交给她。

说实话，这两项任务对我来说有点难度，但我不能拒绝。谁让我是实习生呢，万一得罪了他们，我转正的事很可能就泡汤了。

就在我闷头工作的时候，张哥和刘姐一起离开座位，不知道干什么去了。随后，我这个部门的其他几个人也相继离开。我有点好奇，但重任当前，也就没心思多想了。

过了一会儿，我写材料遇到难题，就到会议室旁的档案库查资料。路过会议室时，我看到了让我吃惊的一幕。原来，张哥和刘姐他们在给我所在部门的一个同事过生日，他们一边分着蛋糕，一边玩闹着，完全没注意到我。

我的心情顿时一落千丈，但还是默默地查完资料，回到座位上继续工作。

下班时间到了，我不负所托，完成了张哥和刘姐分派的任务，总算舒了一口气。这时，张哥和刘姐回来了，他们还带着过生日时的兴奋，没有人注意到我的失落。

不知是谁喊了一句："还剩下一块蛋糕，我拿过来了，你们谁吃啊，没人吃我就扔掉了。"

大家都说不吃，随即我就听到了蛋糕落到垃圾桶的声音，而我的心仿佛也随之落到了地上，有点心痛。

其实，我不在乎能不能参加这次生日聚会，也不在乎能不能吃到蛋糕。我在乎的是，无论我多么努力地讨好他们也是枉费心机，我根本就融不进他们的圈子，他们根本就没有把我当成自己人。

我一时间无法接受这种打击，第二天上班后，就找到项目部陆经理，跟他说我想提前结束实习。陆经理问我原因，我便把昨天被同事们冷落的事情告诉了他。

陆经理说："这么点事就让你打了退堂鼓啊！从你平时的工作态度看，你不是这么懦弱的人啊。"

我说："这不是懦弱，是尊严。他们不把我当回事，我也没必要再跟他们相处。"

陆经理说："逃避的人没资格谈尊严。我昨天也没收到他们的邀请，今天还不是照常工作。有句话不妨告诉你，物以类聚，人以群分，能力相当的人才能融为一个圈子，你被别人冷落，那是因为你比别人差太多。今天开始我亲自带你，回去继续努力工作吧，把不愉快的事忘掉。"

听了陆经理的话，我豁然开朗，又积极投入到了工作中。

这之后，随着工作能力的提升，我渐渐摆脱了小跟班的形象，成为同事们眼中可以共进退的战友，得到了他们的认可。三个月后，我顺利转正，陆经理和我所在部门的同事们全都诚心向我道贺，还专门为此组织了一次聚餐。

这段经历让我认识到，要想得到别人的认可，融进别人的圈子，最重要的就是让自己的能力提升到跟别人同等的层次，而不是毫无底线地去讨好别人。

你越是能力不足，越是想得到别人的认同。你想方设法参与别人的笑谈，却不知自己已成为别人嘴里的笑话。

你越是能力不足，越不敢抗拒别人的说三道四。因为你害怕别人再也不理你，而你日复一日地卑微只能让别人更看不起你。

你越是能力不足，越不敢表现出自己的个性。因为你不想被嘲弄，却不知没个性的人终究会被嘲弄。

每一种人都有属于各自的圈子，在你的能力不被别人认可前，先别急着往别人的圈子里挤，而应该把重心放在提升能力上。等你足够出色的时候，即使你不主动去融入别人的圈子，也可以吸引别人到你周围。

甘于平凡
并不是件简单的事

　　我们最大的勇气，就是接受了自己是个凡人这一事实，并在平凡中过着自己的小日子，守着自己的小确幸，陪着自己的小可爱。

　　平凡并不意味着平淡，平凡中也有很多很多有趣的事随时在发生。人生的最高境界，也许就是能在安于平凡时依然活得有生趣。

　　◎ 平凡让你更清醒地认识自己，知道自己想要什么，能干什么。

　　◎ 平凡的人很务实，不好高骛远，他会按既定目标，实现最佳状态。

　　◎ 平凡能让你平静地说出，你就在这里，直面生活，忠于理想，努力成为更好的自己。

T小姐是我们小区里唯一没上完高中的女生。

高三那年，她被分到了普通班，没过几天，她就告诉她爸爸说不想上学了。以她的成绩，很难考上什么好大学，她想学一门热门的手艺，让自己安身立命。

一个月后，她去了长沙，学习服装设计。

再次见到她时，我已经上大学了。

我一个人在家看杂志、看电视时，她过来给我做了一碗热腾腾的面，还打上了荷包蛋。我称赞她变贤惠了，她轻轻地说，一人在外，做饭只是生活的必备技能。

她偶尔会翻我的书，看到《西方经济学》《国际贸易》等书时，眼睛一亮，问我，上大学有意思吗？我对她说，我们如何逃过了点名，教授如何的放任，学校食堂里的饭菜多么难吃，宿舍的我们有多爱聊天……她静静地听着，最后说道："呵呵，跟我们的状况不一样。我们都在学剪裁呢！"

我知道，她的服装设计课程只有一年，她马上要走进社会了。

很久以后，我听到一个词叫"新常态"。

那时，我们的常态就是念书上大学，我们不理解她的选择，但见了面也只是嘿嘿一笑，说一句"你真酷"。她也从不解释什么。我想，她选择了一种新常态。

　　有一次，她打电话来借100元钱，两个月后还给了我。原来，那段时间她在找工作，钱用完了。读服装设计的事让她妈妈生气了半年，所以，她也不好意思向妈妈要钱。她就用这100元钱撑过了半个月。口袋里还剩10元钱的时候，她去买了彩票，竟然中了300元。她说，在那一刻，她又相信了自己的选择。一周后，她被一家服装公司录用了。然后，她从服装助理升职到助理设计师，最后成为专职设计师，市面上开始出现她的设计作品。

　　后来，她回到老家，租了一间市中心的旺铺，做高端服装。

　　她说，当时，以她的成绩只能上一个普通大学，出来当一个普通职员，与普通人结合度过一生。但这不是她想要的人生。她想另辟捷径，虽然她也恐惧，可是，她愿意在拼得起的年纪里去拼一下。

　　她的话深深地震撼了我，一直以来，我都被外界安排着，家人、老师、上司，都在安排着我的生活。我随遇而安，得过且过。可是，我已经24岁了，依然一无所有，一种莫名的不安涌上心头。

　　我开始思考自己到底喜欢什么，想要什么。

　　两年后，我升了职，可是并不开心。而我的感情也并非一帆风顺，我与男友渐行渐远，然后分手了。

　　我想到了她，她的事业一定很顺利吧，谁料她说："我的店在半年前就关门了，亏损了很多钱。"

我惊诧地问："那你怎么还这么快乐？"

她笑嘻嘻道："因为我要生宝宝了啊！"

她与男方闪婚不过三个月。

我说："你这样匆忙靠谱吗？"

她说："结婚这件事，我还真没想那么多。"

我愣了愣说："你这赌注下得有点大。"

她避开了我的话题，问："你出什么事了？是感情上的吗？"

我说"是"。

她说："离开的都是不对的人，不用难过。"

时间是抚平一切伤痕的良药。

我进入了婚姻，继续为事业拼搏时，她抱着可爱的宝贝出现在了我面前，素颜素衣，笑得甜甜的。她看起来那么普通，似乎在人群中就能被淹没。她笑着对我说，这不就是生活吗？

我们一起看着初中的毕业照：曾经那个打篮球很好、学习成绩第一、长相又帅气的男孩，如今是一个上班从不迟到、认真努力的企业中层管理员；曾经的班花，如今带着孩子在商店与菜市场之间穿梭；曾经班里最捣蛋的留着长发的男孩，如今剪了平头，对人谦和有礼。

在时间的大河里，我们无法逆流而上。

　　时间让我们在某个阶段自命不凡，让我们在某人眼里卓尔不凡。可是最终，回归平凡是唯一的答案。

　　她噘噘嘴，指了指她的宝贝说道："不知道这个小家伙以后会选择什么，又会在哪个阶段闪耀发光？"

　　是啊，此时宝贝在她眼里是可爱的，可是未来她会有怎样的人生，会在哪里跌倒，在哪里耀眼，谁也不知道。

　　我们唯一知道的是，大部分人终究会归为平凡，可是平凡不就代表着平安吗？

　　周国平说："人世间的一切不平凡，最后都要回归平凡，都要用平凡生活来衡量其价值。"伟大、精彩、成功都不算什么，只有把平凡生活真正过好，人生才是圆满的。

　　我们最终都会归为平凡，但时间让我们在某一阶段成为别人眼中的不凡。但愿某一天你被别人提起的时候，也算是个有故事的人，不至于成为泛泛之辈，在岁月的沧桑中被草草带过。

PART
THREE

余生太短，
你要和有趣的人做有趣的事

让我天天
可以看到你

是什么时候起，我们不再区分自己是不是文艺青年或者普通青年，我们非常默契地都变成了有趣的青年。

以往，我们是如此的不同，后来，我们融为一体，只因为我们有着相同的乐趣——将爱情进行到底。

爱，最需要的是情趣，惟愿有情人永远爱得趣味横生。

◎ 伴侣之间重要的是互补，而不是迁就。

◎ 你永远也变不成对方想要的样子，所以也不要以爱之名去改变对方。

◎ 情趣和浪漫一样，可以营造和培养，前提是彼此依然有感情。

据说那些文艺又有腔调的姑娘，最终往往带着她诗人般汹涌的浪漫和歌者般自由的灵魂，跟了个实在又嘴笨的男人。

这便造就了一种神奇的萌感。

比如，当文艺的姑娘以为男人在餐桌上拿起纸巾是要为自己擦去眼角伤感泪花的时候，实在的男人却用纸垫着把一个鸡腿塞进嘴巴里。

又比如，拧巴的姑娘在关于远方的梦想里慢慢感到了一种虔诚的悲伤，这悲伤令她一言不发，而实在的男人却无论她多么冷淡，还是一遍遍暴躁又执著地问："咋回事么！饿了还是啥么！"

这种神奇的萌感，在我看来，完胜三十厘米的"最萌身高差"。

假如一定要用言语将萌点描绘出来，我想大概是——

两个如此不同却又同样如此可爱的人，就这样轻轻松松、热热闹闹地找到了那个让她学会美满，让他懂得浪漫的另一半。

从此，"过上了幸福的生活"。

这是我所能够想象出的，平淡生活中最最可爱的一种奇迹。

小字母姑娘就是这么一位文艺又有腔调的姑娘。

她之所以叫作小字母——这件事情知道的人其实并不多——是因为她有时心情好，吃得很多，便会胖一点，有时心情差，懒得吃饭，就会瘦一点……随之，胸部罩杯尺寸总是在C到G这么一串字母之间随机转换着，纪念着小字母姑娘上一段时光里关于"吃"的心情。

而小字母姑娘的男友米非，则是一个特别实在又特别嘴笨的人。

虽然拥有了小字母，令他眼中原本简单的世界变得缤纷了很多，他还是不怎么善于用语言表达内心的幸福。

比如——"其他女的跟你比起来，都是个啥么……没法说。"

或者——"我怕啥，我有你呢……反正就行了。"

不过，也因为拥有了小字母，令原本特别特别简单，甚至有那么点呆的米非，时常会不由自主地冒出些浪漫的念头来。

比如，他会将自己呆呆的样子用12张拍立得相纸拍出来，在每一张的背面画上一个月的月历，并且十分贴心地用红笔标注出小字母的生理期。

又比如，他会自己跑去帮小字母注册电影论坛的账号，然后密码提示问题是"你最爱的男人"，答案是自己的名字。

正是这些闪烁着神奇念头的每一天，让米非原本普通的生活变得充满了幸福。

而那些灿烂又充满想象的念头，每一个都关于美好的爱情。

2009年的夏天，米非已经和小字母姑娘在一起了。

他二十一岁，小字母十九岁，街上的香水菠萝四块钱一个。

他最喜欢牵着女朋友柔软的手去吃好吃的，看她的小嘴巴在食物面前开心得笑成一个弯弯的"U"。

小字母姑娘拥有世界上最可爱的嘴巴，因为它长在世界上最可爱的小字母姑娘脸上。紧闭的时候是温柔的海岸线，噘嘴的时候像微微涨起的汐潮，亲米非的时候就嘟起一朵粉红色的小浪花。

小字母姑娘最爱听的是民谣，最爱逛的是游乐场，最爱看的是文艺片，最爱吃的是火锅，最爱的人是米非。

可是米非只喜欢听摇滚，米非不爱（敢）去游乐场，米非最烦文艺片。

但是在一起的第一个月里，他就陪小字母姑娘吃了十七次火锅。

麻辣的，青椒的，菌汤的，海鲜的，沙爹的，咖喱的，煮鸡的，捞猪蹄的，啃鹅掌的……

层出不穷，惹人发指。

一个月以后，米非的嘴巴已经难以分辨任何食堂饭菜的味道了，小字母看着他嘴上起的大泡，可怜巴巴地拉着他的手。

她说："对不起，亲爱的，拽着你每天净吃火锅了。"

米非亲她一口，说："我乐意。"

在一起的第三个月，他们已经吃完了一整个夏天。

盛夏吃火锅是件燥热的事情，尤其对于不怎么爱吃火锅的米非来说。

而对面的小字母则会一次次认真地把长发扎起来，噘着小嘴巴品尝刚刚涮好的一大筷子肥牛。无论一个礼拜吃多少次，她脸上的神情依旧带着初恋一样的虔诚。一滴晶莹的汗从她的下巴上奔赴胸前，未到达温软的线条前就被热气蒸发。然后她会慢慢抬起可爱的脸，说"你快吃呀"。

二十一岁的米非在送给小字母的一百天礼物里写了一张小卡片：无论吃的是火锅还是大便，只要看到你的脸，我就永远不会厌倦。小字母姑娘拿到卡片，笑得倒进他怀里说："笨蛋，真恶心。"

当然，爱情生活也并非全然都是喜悦。

文艺姑娘和实在青年的搭配，有时也会被一股莫名其妙的"劲儿"搅和得令人心烦意乱。

在一起半年的时候，小字母突然严肃地拉着米非在公园里坐了很久，然后她突然开始哭泣。

她慢慢地呼吸着，柔软的胸部像块藏在衣服里的圆润的蛋糕。

"米非，其实你是不是一点都不喜欢吃火锅？"

"……还可以吧，不讨厌，都可以。"

小字母越发哭得伤心起来："我希望你跟我在一起永远开心，可是你喜欢的事情我都不会，我会的事情你都不喜欢。你看你因为吃火锅都长了这么多痘痘了，就连这件事情我们都没法总是一起去做。

"或许除了知道我爱吃火锅以外，你甚至不怎么了解我。你不知道我喜欢什么颜色，也不知道我什么时候会突然悲伤起来，你只是因为一股随性的喜欢，支持着你和我在一起。等到这喜欢退去了，或许你根本不会记得我的样子。你只会记得曾经你的青春里，狠狠吃过半年的火锅，火锅的蒸汽后面似乎坐着个面目模糊的女孩。

"我们太年轻了，我们不可能吃着火锅就快乐地过完一辈子。"

米非愣愣地坐在她旁边，不知道说些什么。

时间慢慢路过他们身边，空气被沉淀在泥土下面。

后来太阳下山了，他们离开了公园。米非第一次看到小字母脸上寂寞的忧伤，她垂下的眼睛像一尾沉睡着没入海底的鱼。

睡不着的晚上，米非翻来覆去地想。

他试图想出一个让小字母姑娘不再难过的办法，但他脑中只是一遍遍出现她淡而软的眉毛，可爱的嘴巴，还有流水一样悠扬的肌肤。

后来米非买了一只"米菲兔子"的玩偶送给她，呆呆的米菲兔子有一个小叉叉形状的嘴巴。

小字母愣了三秒钟，然后扑到他怀里："笨蛋笨蛋，你是把自己送给我吗？看在米菲兔子的份上我就原谅你了。"

米非大度地笑笑："走吧，去吃火锅。"

事后小字母不好意思地说："我来大姨妈前有时候会很不开心。"

米非说："嗯……"

在一起一周年的时候，米非给小字母送了一束羊肉卷摆出来的花。

小字母擦着眼泪把花吃完了，一点都没分给米非。

米非在火锅的雾气里注视着对面吃得很认真女朋友，咬着筷子心想：不给我吃肉都显得这么可爱，一定是真爱吧。

然后他意识到，自己也已经开始很喜欢吃火锅了。

2011年，米非毕业，小字母还要留在学校再念一年。

他找到的工作在遥远的城市，小字母眼泪汪汪地拉着他的手不让他走。

最后他还是走了，选择了比飞机更显缠绵也更便宜的火车，用省下的钱陪小字母吃了一顿昂贵的海鲜自助火锅。

送别的时候小字母连眼泪都来不及掉下，列车就已经飞奔出去。

只看得到小字母姑娘在站台外面轻轻地哭，眼泪在她心里滴成一面没有尽头的湖。

见不到米非的日子，小字母难过得像一只病了的小猫。

后来这个比喻不再仅仅是个悲伤的比喻——她在秋季染上感冒，最后发烧病倒了。

一个人打吊针的早晨和下午，米非都努力用短信哄她开心，而小字母还是会捂着肿起来的手背，哭着给他打电话：

"我不要你了，生病都是我一个人，我不要你了。"

可是哭完的小字母再过半个小时，还是会乖乖地说"亲爱的对不起"，然后乖乖地自己回到宿舍，继续给米非在淘宝上买衣服和好吃的寄过去。

就像数年前生理期前夕的夜晚，她就算说出了无数悲观的话，米非依然是她心里最乐观的幸福。

后来的那个春天，米非得了阑尾炎，也一个人去打吊针。

小字母姑娘在电话那边哭得差点昏过去，然后用所有的钱买了一张火车票，去他身边看他。

在病床前，小字母眼泪"刷刷刷"往下掉，皱着鼻子说不出话来。

似乎她坐着这漫长的火车，穿越大半个祖国，只是为了来轻轻拉着他的手。

他甚至因为阑尾炎不能陪她吃火锅，她就陪他喝了三天的稀饭，然后拎着大包小包坐飞机回去。

飞机票是米非坚持买的，不然他应该会因为小字母姑娘要独自坐一夜的火车回去而心疼得再次躺回医院里。

2012年的时候小字母姑娘毕业。

米非调换了工作，两个人终于在一个城市了。

他们每天在同一个清晨起床，看同一片天空的日落，每周一起吃爱吃的火锅。

直到今天，在我们讲这个故事的时候，米非依旧日日牵着小字母的手，在每一个下班后的傍晚带她去吃好吃的。

黄昏的颜色染在她的脸上，她嘴巴上的微笑仍然像第一次见面那样，可爱得让米非发呆。

这也许只是一个特别简单的爱情故事。

浪漫天真而又爱吃火锅的文艺女青年，真诚简单而又幸运地遇见了心爱女孩的年轻小伙子。

他们就这样吃着火锅唱着歌，快快乐乐到永远。

他们有时候也会吵几句嘴，那些争吵的别扭和小脾气同羊肉片一起被煮进热腾腾的麻辣锅里，捞出来时，又是热恋的火辣香鲜。

俗世有时会令人疲惫，甚至消耗至脱力。

悲伤有时会让人抑郁，甚至恹恹至低迷。

相信我，这些我都知道。

可是你一定要相信——幸福，永远可以将这些所有的不快乐稳稳击败。

因为世界上总会有那么一个人，对你永远温柔，让你永远快乐。

什么时候遇到，怎么遇到，都不重要。

争吵完了还是会想念，在一起做什么都不会厌倦。

实在又靠谱的小伙子会遇见他的那个女孩，然后拽起她的手说——

走吧，我想让你嫁给我，好让我天天可以看到你。

文艺女青年则会遇见走进自己心里的那个人，然后对他说——

青春若不老年华，霓虹似倾城日光。

让我陪你到明天，请你带我到远方。

真正的感情
从来不需要攀附

作家晚情说："我崇尚这世间所有形式的平等，无论你是浑身奢侈品还是粗衣麻布，只要包裹在身体里的灵魂是高尚的，就值得所有人尊敬。"

可惜这世上有太多的急功近利，即便是最崇高的爱情，都有人以牺牲人格和身体为代价，去攀附，去交换。

对自己自信一点，不可以吗？你想要的奢华，其实都可以用双手去创造。你真正想等的人，迟早会到来。

◎ 没有比真情更奢侈的东西了，这是再多的奢侈品也换不来的。

◎ 感情是两颗真心的等价交换，被攀附的感情是最廉价的。

◎ 对女人而言，男人有事业心很重要，但不要嫁给把事业当一切的男人。

满身香奈儿、迪奥和纪梵希的温迪缓缓走向我们的时候，我们都想逃走。

那些闪耀的奢侈品，让活在烟火人间的我们黯然失色。

偶像，我们会崇拜，而不会怨恨，因为距离太遥远。

而当你身边某个黄毛丫头忽然华丽转身，成为回头率百分百的女神时，你的内心就不免会愤愤不平了。毕竟，除了那双大长腿，哪一样光鲜的东西是温迪自己的？

我们指着她飞闪的假睫毛和浓浓的红唇，道："姑娘，你敢卸妆不？"

温迪嗤之以鼻："这个世界上，没有人不伪装自己。"

我们都摇了摇头："人各有命。"

温迪能拿金钱堆美丽，是因为她有一个爱她的钻石男友。

她的钻石男友是个事业狂，没时间陪她的时候，就会甩出一摞钱来。

一开始，她欣然接受，是啊，亦舒师太都说过，跟什么过不去，也别跟钱过不去。既然男友无法提供时间，拿钱补偿也是极好的。

后来，这种寂寞无聊的日子越来越多了，钻石男经常十天半月有时甚至一个月都见不着人，每当温迪表示抗议时，钻石男就会淡淡地说："乖，别闹。"听他这么一说，温迪也觉得自己有可能在胡闹，于是，就闭口不提了。但她心里堵，只能用不断购物来平衡。

每当温迪说："这是爱吗？你们羡慕这样的我吗？你们以为我是闪耀的女王，其实我只是发光的奴隶。"挣扎在生存边缘的人就会打哈哈道："哎呀，别矫情了，不是每个女孩都能碰到钻石男的。你也就是个普通女孩，知足吧！"

是啊，温迪不过是个普通女孩，学历普通，工作普通，长相普通，性格也是大大咧咧的。一次，她去咖啡馆时，竟不小心撞在了玻璃门上，她不好意思地笑了笑，有点尴尬，也有点调皮，正是这样的笑容，吸引了在咖啡馆等人的钻石男。

钻石男与她一起时很放松，所以让她做他的女朋友。

他确定她会答应。

一起吃完晚餐后，他说："跟你在一起，我很轻松，很开心。只是我现在正值事业上升期，没有太多时间陪你，但我保证我不会与其他女孩暧昧。不过，你也必须知道，对于我来说，事业在第一位，如果感情和事业发生了冲突，感情必须让位于事业，你懂吗？"她听到这段话时，其实心里是有些不舒服的，但像钻石男这样优秀的男人竟然能喜欢上自己，她已经"感恩戴德"了，所以，已经无法理性思考的她，就这样栽了进去。

　　她说和钻石男本来约了周末一起参加拍卖会，谁知道钻石男突然出差去了。到了另一个城市后，他打电话轻描淡写地说："哦，我忘了。"她说，挂断手机时，她的身体是颤抖的。

　　就算不能走向婚姻，总还可以温情对待，但是，她却只能那么卑微地和他在一起。

　　每当她想分手时，她就会想起二人一起时，他会帮她拉椅子、递送纸巾并夹菜给她，周到体贴，温情款款。一到这时，她都会怀疑自己是否太矫情，分手的念头也一次又一次地压了下去。

　　没有人懂得她那无处释放的焦灼和压抑。

　　如果没有那个生日事件，或许，她会一直那样隐忍下去。

　　钻石男生日那天，她亲手做好巧克力后去机场等待钻石男，想给他一个惊喜，钻石男却面无表情地说："我需要的不是惊喜，而是可控，你这样贸然地出现，是不在我的计划里的。"

　　她呆住了，委屈地说："可是我只想给你过个生日啊！"

　　钻石男说："我从不过生日，今天我累了，改天我找你，好吗？"说罢，钻石男竟独自离去。

　　狠心至此，独断专行至此，她和他，还有继续走下去的意义么？

　　一路上，她无声地哭着，此时，她才惊觉，所有的主动权都在钻石男手里，所有的约会都是钻石男决定的。

她只是他生活的调剂。

她不过是株藤蔓植物，攀附在了钻石男这堵墙上。他乐意了，她就可以继续向上爬，哪天他不乐意了，墙就倒了，她也什么都没有了。朋友们艳羡的一切，全赖钻石男的给予。

第二天，她跟钻石男提出了分手。

钻石男愣了两秒，才说："温迪，别闹，你最近想买什么，告诉我。"她笑了笑，挂断了电话。所有钻石男送的服饰和礼物，她都打包寄了回去。没有奢侈品傍身的她，虽然没有了百分百的回头率，但有了轻松的笑容。

三年后，她再次穿上香奈儿，拿起了迪奥，名片上印着某集团公司副总监……

原来，一个人也能将生活打理得井井有条。

一个人也能过得很好。

如果一个人想要的一切，都只能用依附来交换，那么，就要乖，就要很乖，如宠物般。想做藤蔓，就不要奢望拥有自主权。

只有变成一棵行走的树，不需要土壤也能努力生长，才有可能成为闪耀的女王。

温迪，我们给你打 A。

朋友，不要依赖任何人，有人依赖是幸运，没人依赖也没什么大不了的。两个人关系的基础是依赖，但依赖却是深埋的祸根，容易产生无数难解的问题和纠纷。你不再依赖世界，世界就难以撼动你的内心。

温柔不是
多大点事儿

　　感情中的很多属性是可以伪装的，比如温柔。假装温柔的人，同样可以假装浪漫、体贴、甜蜜。不过，虚假的感情是敌不过人间烟火的考验的。爱情如梦似幻，也要回归现实。

　　一个自顾不暇的人，温柔不起来；一个要赚钱养家的人，无暇温柔。一个人假装温柔，终归是因为实力不济。

　　◎　很多时候，温柔是男人的一种手段，女人一定要明辨真伪。

　　◎　对女人而言，温柔是一种天性，温柔的女人也会被世界温柔相待。

　　◎　大多数时候，你有多强大，就有多温柔。

什么是男人的温柔？只有很爷们儿的男人，才能谈"温柔"两个字。很多人讲的"男人的温柔"根本就是娘、滥好人、唯唯诺诺的小男人的表现。那是迎合、迁就、心机或本性，不够劲，变了味。

唐僧给悟空缝虎皮裙虽然感人，但那不是温柔。哪天桀骜不驯的猴子给唐僧洗了袈裟，那才是温柔。满目凶光化作春天的夕阳，暴起青筋的胳膊被你的长发一碰，抖得那么慌张。胡子拉碴的粗糙汉子背对着你点支烟，没人看到他眼里正闪着泪光。悟空哭，脆弱得令人心疼；八戒哭，怂得让人无语。世界就这么不公平。男人就得爷们儿，未必要一身腱子肉、两条飞毛腿、巴掌大的护心毛、七十二般本事……但至少要有个男人样。要有原则，不能看见姑娘发嗲就英雄救美；要有担当，不能把怂和无原则的退让当成美德。

男人是狂野中漂泊的猛兽，充满了荷尔蒙和雄心壮志，永远都无所适从。你收服了他，才能看见他心里的火焰和秘而不宣的伤口，身不由己啊——他的心碎，他的温柔。网上有句话说得好：爱上他/她以后，突然听懂了很多情歌。

温柔确实是一个普通的词汇，没有必要搞得那么复杂，我反对的只是滥用温柔，温柔虽不是多大点事儿，但是你不能见人就给。

如果一个男人拥有的只是温柔、体贴和任劳任怨，那他充其量只能做你备胎中的那一位，而且是最听话的一个。他会因为你的QQ

签名改成了"下雨了，心情不好"而打20个电话给你，只为给你讲个笑话；他会在你生理期的时候每天给你发短信叫你别着凉、多喝水；他会在你忙到不得不挂掉他电话之时，写一封亲笔信来表达他对你的思念。

得先是个男人，才能谈男人的温柔。

她意外怀孕，湿热烦闷的夜晚，你连手术费都出不起，即便你手端热水、嘴叼炸鸡、笑容温暖还唱着她最爱的情歌又能怎样？你有脸面对温柔两个字吗？

真正的男人也许没那么多事儿，只是轻轻吻了她一下。"好不给力啊"，大家会说。但你不知道他每次进她房间之前都坚持去小卖部买烟啊！他从来不会让喜欢的人陷入为难的境地，先不谈他能不能出得起手术费，他至少知道自己出得起杜蕾斯的钱。

谁都不喜欢滥好人，更何况这滥好人除了好人这项技能外啥都不会。

照顾好自己，照顾好家人，照顾好爱人已经很不易，如果你做到了，无论你是习惯沉默，还是善于表达，你都称得上是真正的男人了。这才是真正的温柔，如果你再有天女散花般温暖的笑容，坚挺宽厚的胸膛，会唱情歌还会溜肥肠，那就是锦上添花。如果没有锦，只把花穿在身上，感觉还是怪怪的吧？

　　女人有时候会选择像《泰坦尼克号》中杰克那样的男人，是因为和他在一起能看到更新奇的世界，是为了梦幻旅程或人生中难得一遇的激情，而不是为了温柔。

　　有些女孩反对我的观点，也许是因为你对生活的直觉和我的不太一样。你爱上了一个男人，所以你觉得他对你那么好，那么贴心，怎么可能不温柔呢？可你却忽略了一些东西：最初你被他吸引，往往不是他有多温柔，他不但不怎么温柔，还经常耍酷呢！他吸引你的，很有可能是帅气逼人、风趣幽默、成熟懂事和慷慨绅士。就像你妈常教育你的那样，要找个有责任感、老实、成熟稳重的男人。你常常不屑一顾。其实，你做选择所基于的理念和她的建议并无区别，你选择他，不是因为他柔情似水，最关键的是你觉得，他是条汉子。

　　再后来，不羁的汉子被你融化了，能量似乎都被你吸收干净了。

　　再后来，汉子开始在你面前流眼泪，你拍了拍他肩膀。

　　再后来，你就成了"女汉子"。

做菜最怕心急，
爱情也是

有人说，会做饭的人，走到哪都有人爱。多么有趣的说法，但现实并非如此，不然大家都要去当厨师了。

不过，爱情确实如同做菜，需要极大的耐心去煎炒烹炸，才能色香味俱全，成为终身名菜。

两个人对味儿了，日子才越来越香；两个人不对味儿，生活会越来越淡。

◎ 如果你把爱情当成速食品，保鲜期自然会很短。

◎ 做菜讲究火候，爱情也是。

◎ 长久的爱情更要靠小火慢炖，但要时刻注意别炖糊了。

　　现在什么都讲究速度，卤菜已经成了一件麻烦到让人不想去碰的事。自己住的时候，时常会怀念小时候家里吃的茶叶蛋、妈妈煲的汤，但晚餐的选择往往还是家门口的便利店，买个面包或者来个饭团，凑合着也就解决了生理需求，反正第二天也不会再想它了。

　　速食和传统食物的最大区别，就在于味道的添加。

　　传统食物通过火的热、水的柔、油的滑，最大限度地打开各种调味料本身的可能性。每一种调味料，本身都是有性格的，甜香酸辣，本是对立不容的个体，但是在时间的调和下，它们却能够发生最神奇的融合。这种融合超越了调味料本身，让食材进入了一个更高的层次。吃中餐，讲求一个慢，只有最有耐心的食客，才能够感受到不同的味道在舌头的不同部位所释放的精彩。

　　而速食，讲求的是快，是省事。短时间内需要把各种味道迅速地集合起来，不免会有瑕疵。这时就需要用重口味来掩盖这其中难以调和的瑕疵。有人说，速食是不能慢慢吃的。有一个食汉堡成瘾者，因为苦恼营养不均衡想借医生的帮助戒掉汉堡。医生只告诉他一个方法：慢慢吃，每吃一口嚼三十次。他很快就戒掉了自己十多年来对汉堡的痴迷，因为汉堡根本没有办法慢慢吃，只有快速地吞咽，才能够掩盖当中各种人工添加剂的味道。

　　Tiffany给我打电话的时候，我正在做晚餐——简单的炒饭。把鸡蛋打入锅内炒成形，加入隔夜饭打碎，再加上一点从便利店买来的胡萝卜、玉米和青豆丁，最后加一点醋。简单明快，五分钟，还能再泡一碗紫菜汤。我一边看着透明的锅盖因为锅内高温渐渐结雾，一边用免提听着从电话那头传来的Tiffany的哭诉："原来，他同时交往着两个女生，他还有一个香港女友，却一直瞒着我！"

Tiffany口中的他是个来交换留学的香港男孩，两人相识于一次聚会。香港男孩用自己口音浓重的普通话给她带来了新鲜感，又用流畅的英文筑建了优越感。

她当时其实是有男朋友的，他是一个朴素老实的男孩，两人波澜不惊地好了两年，前男友很宠她，什么都听她的，两人在一起很久也只是牵牵小手，约会不过就是一起自习，一起去荡马路。相比之下，香港男孩的浪漫攻势就让人抵挡不住了：在她的窗台上（一楼）插上玫瑰和情书；约她在全城最高的餐厅共进晚餐。浪漫的烛光下、轻柔的现场演奏中，Tiffany打开他递来的系着粉红缎带的礼物盒，原来是之前一起逛街时，自己多看了两眼的音乐盒，里面是一个美丽的公主以及男孩好看的手写"Be my princess"。

她深深地陷了进去，很快就甩了老实木讷的前男友，和浪漫的香港男孩在一起了。她常常满面桃花地在我面前读着男孩情书里美丽的英文情话，很快，她就和男孩如胶似漆。我不禁担忧：若是男孩结束留学回到家乡，这个幸福的小女人又该如何是好？当我这样问她时，她爽快地说："我们商量过这个问题，我们会珍惜在一起的时间。"

尚未等到男孩的留学生活结束，问题就如同暴风雨一样来了，比我预想的还要早。Tiffany偶尔上Facebook，在男孩的主页发现他和另一个女生有着亲密互动。通过女生的资料，Tiffany辗转问到女生的号码，打了越洋电话过去，用磕磕巴巴的英语问出来，原来那女孩是男孩的"正牌女友"，两人在香港已经在一起一年多了。男孩在留学的半年时间里，和香港女友也一直保持情侣关系，每日凌晨在与Tiffany结束约会后还要与"正牌女友"煲电话粥，半个多月来在两个女生之间游刃有余。

Tiffany的声音因为愤怒而尖锐。我劝她好聚好散，反正男孩即将离开，不如装傻充愣，过完剩下的十几天。可是她怎么也接受不了，一定要问男孩讨个说法，要个名分。她一改之前的温柔可爱，每天都用短信、电话"轰炸"男生，内容不外乎是"你是多么对不起我"以及"和那个女人分手吧"。

男生一开始避之不及，后来干脆电话拉黑，一切联络方式全部加入黑名单，见了面也任凭她骂，一副死猪不怕开水烫的样子。她闹了一段时间，也骂了一段时间，最后，她在电话里啜泣着说："知道吗？他终于给了我答案，他告诉我，他选择了那个香港女人，说以后就不要再见面了。"我想她终于累了，心也冷了。

和Tiffany煲了一个长长的电话粥，当她的声音从我的耳边渐散的时候，我发现自己的炒饭也在不知不觉中冷了。炒一份炒饭五分钟，刚出锅的时候还是香甜可口，冷掉之后却没有一点香味。

突然想到小时候妈妈做的卤水牛舌，花数小时出锅，可冷冻一周后，再用微波炉加热，还是香气四溢。八角、茴香、蒜苗……每一样食材在长时间的焖煮过程中将自己所有的香味渗入牛舌之中，时间越久，味道越浓。

妈妈说："做菜最怕心急，调味料的味道还没入味就出锅，自然是食之无味。"

据我了解，和女生期待找到白马王子一样，大多数男生，无论是夜店老手还是青涩男孩，也都希望能够和心中的女神花前月下、举案齐眉。但是他们总是抱怨找不到属于自己的缘分，于是就更加流连于声色犬马，或是干脆清心寡欲，用工作和学习代替恋爱。

男生们其实偶尔也会看偶像剧、爱情小说，也会羡慕爱情小说的主人公，只是到了自己身上，就不知道为什么一直找不到心中的女神。

其实很多时候，问题并不是出在找不到好女生，而是不愿意花时间去了解女生、认识女生。男生注重女生的外貌是必然的，纵览各种征婚启事，男生一定会要求女生仪表端正、眉清目秀。其实，女孩都是漂亮生动的，年轻的有活力，怎么打扮都好看；成熟的有韵味，人生历练练就有容乃大的气场……女孩子就如花园里的玫瑰，乍一眼看上去，都是夺目的美，但是若贸贸然地一把抓上去，难免不被玫瑰的刺给扎伤。

小王子种了一朵玫瑰，因为他只有那一朵，它就是世界上最美的花，即使小王子后来看到了一整片的玫瑰园，他还是最爱那一朵，因为只有他的玫瑰，是他亲自浇过水、施过肥、除过虫的玫瑰花。

爱情也是如此，你永远都找不到那个最漂亮的女孩，因为每个女孩都有自己最漂亮的地方。获得世界上最美的爱情，就是用自己最多的汗水去浇灌它。爱情如玫瑰，店里买来的方便又漂亮，但是不会有人去珍惜它。而自己花力气种的，每天去照顾它、养育它的，才最让人珍惜，珍惜到舍不得摘下。

猴急的男生把恋爱关系当作走过场，牵手、拥吻都成了形式化的东西，走到最后都没有在恋爱关系中投入太多的真心，等到一切都体验完了，也到了分手的时候了。

为什么都说初恋最让男生怀念，因为第一次总是最慎重的。初恋时候也不懂欲望，只觉得两个人只要在一起就是开心的，别说拥吻，就算是手指的不小心碰到都能够回味许久。

而随着年龄的增长，男生的阅历也在增加，体验过一次的东西再体验就不会有新鲜感。投入感情太累了也太伤了，既然不想投入感情，那就以生理刺激为目的。自己种花不如去花店买花来得省时省力省心，只是那种心动的感觉好像很久都没再有过了。

同理，猴急不出好菜，做菜需要冷静。有的时候油炸锅了、水放晚了也不要慌，就算菜做坏了也能够当成是经验教训，不必太纠结。

现在的女生，条件不错但恨嫁的多。日语里称有一定年纪但是又单身的女人为"败犬"。日本女生不嫁人，就像战败的狗一样，不被社会认同。为了避免被冠上这个称号，日本女孩们纷纷不淡定起来。

单身的C先生有很多红颜知己，也有很多风月桃花，但他还是抱怨说，现在想要找一个女生单纯地一起看场电影都很难，没有深交的女孩会想东想西，好像看一场电影就代表两人已经确定了恋爱关系。C先生说："可是我只是想看一场电影罢了，女孩子们却都表现得'面若桃花'。有时候约出来吃个饭都要问到将来对结婚的计划，企图心太强的话男生压力会很大呀。"

没有爱情的滋润，女生会变得像一片干涸许久的沙丘，再加上看了太多韩剧，对爱情有着不切实际的向往。所以，女生有一个共同点，遇到稍微不错的男孩，特别是嘴甜浪漫的，就一下子像干了很久的海绵吸水一般，恨不得马上把男生的关怀统统吸过来，自己太主动、太刻意，未免揠苗助长。其实很多时候，男生的示好只是一种礼貌性的关怀。一开始的时候，男生只是想做朋友。女生太过主动，反而让男生望而却步。

大火翻炒的料理总是味道浓郁，犹如突如其来的激情，轰轰烈烈的，像是一场海啸，来的时候铺天盖地，走的时候满目疮痍。

长久的爱情更要靠小火慢炖，日子久了，各种调味料的精华都会渗入食材里，成为一盘贴心入胃的菜肴。

也许是因为我们拥有太多的选择，所以不愿意等待。到处都是即来即食的快餐，到处都是唾手可得的诱惑，只对一个人投入长时间的感情和等待，似乎已经成了一种化石一般的东西。

我们太过忙碌，忙碌到没有时间好好静下心来做一餐饭来温暖自己的胃，或者好好谈一场恋爱来温暖自己的心。

我很少吃速食面，但每次吃都会想到 Tiffany 和那个香港男孩的速食爱情。其实对 Tiffany 来说，这也未尝不是一件值得回忆的事情。有时候我会想，如果当时那个香港男孩认认真真地对待 Tiffany，专一一些、坦诚一些，那么她就不会变成一个骂街的泼妇，也许两人会善始善终；如果 Tiffany 当时能够再冷静一些，在开始恋情的时候没有被男生的浪漫蒙了眼，也许她还和前男友过着平静的小日子。

　　没有如果。也许对年轻人来说，方便、快捷、重口味的速食才更加符合他们求刺激、求新鲜的心理。同样是卤水牛舌，即使自己没有厨艺，也可以去便利店里买现成的包装食品来食用，味道也不会糟糕。

　　然而，包装速食虽然能够填饱肚子，但不能温暖胃。同样的，速食爱情即使能够打发时间，也不能充实心灵。

　　只有不愿将就速食的美食家，才能品味到经过小火慢炖后，香气四溢的卤水牛舌。

请你记得，
别人不是你

　　一个有趣的人，绝不会干涉或介入别人的事情。每个人都有自己的做事风格和处世准则，动辄以上帝视角对别人无端指责，那是不识趣。

　　你想以自我为中心，哪怕自私心稍重了一些，只要没伤害别人，也是无妨的。怕就怕，你活在自己的世界里，还要在别人的世界里横冲直撞。

　　◎ 这世上没有真正的感同身受。

　　◎ 任何时候，都不要以别人的无能来映衬自己的优秀。

　　◎ 在同一处境下，不同的人也会有不同的感受，不要以自己的认知判断别人。

你周围有没有总是以"要是我的话"开始对话的人？

我身边的这位，姑且称她为"要是我"小姐好了。

"要是我"小姐长得很漂亮，而且智商和美貌也能够持平。

在公司里，"要是我"小姐被委以重任。

每一次与甲方沟通协调，甚至是每一次年终活动，都少不了"要是我"小姐曼妙的身姿和巧笑倩兮的面庞。连老总都在年会上跟她开玩笑："你这么瘦弱，是怎么当上公司中流砥柱的呀？"

当年"要是我"小姐还没得到这个称号的时候，有一次她休假两周出去度假，创作部忽然发现，"要是我"小姐不在公司的这段时间，原本简单明了的甲方要求怎么看都模棱两可，客户部也忽然觉得原本笑眯眯的客户变得高冷起来。

总之，当她回来的时候，大家毫不犹豫地表达了对她浓浓的思念和"没你不行，赶快帮我们看看"的恭维。

"要是我"小姐玉手一挥，大方地分发着旅游带回的纪念品，同时不忘说一句："没关系，有我在。"

现在想起来，她应该是从那个时候开始得到"要是我"小姐这个称号的。

起初，这只是茶余饭后的八卦。

"要是我的话，我肯定会让座的，年轻人站一会有什么。"这是她对报纸上因为觉得太累不给孕妇让座，引发争执后被曝光的"工薪族"的鄙夷。

"要是我的话，我才不会买，一分钱一分货，贪小便宜一定会吃大亏。"这是她对创意部张大姐赶特价买回的质量不佳的空气加湿器的不屑。

"要是我的话，我就不理他，男人的毛病都是惯出来的，可不能养成这个习惯。"这是她对邻座小林跟男友争吵，正发愁没有台阶下时的谆谆教诲。

后来，慢慢发展到工作上的事。

创作部对客户要求在理解上有一点偏差，她说："要是我的话，客户这样写其实我就很明白了，应该这样那样，小意思。"

客户部做出的PPT模板出了一点错误，她说："要是我的话肯定不会犯这样的错误，我会提前三天就检查一遍，保证细节没有问题，毕竟这个脸面在客户面前丢不起。"

就连公司的老板跟客户约好吃饭的时间，因为路上堵车迟到了十分钟，她也会说："要是我的话就提前出发，路况毕竟是未知的，怎么能一点准备都没有。"

她似乎没有说错，一句都没有。

几个月后，公司里几乎所有的人都知道了这样一位"要是我"

小姐的存在，而她所有以"要是我"开头的句式，都像架在道德、智商和情商制高点的照明灯，映照出众人的蠢笨、木讷、狡猾。

你问我"要是我"小姐过得可好？

嗯，我该怎么告诉你？

在业务上她依然是精英骨干，是公司离不了的主心骨。不管出现什么问题，大家都会想到找她，可是再也没有人约她看电影、购物、逛街，就连适龄的男同事们，投来的目光也从欣赏变成了敬畏。

"要是我"小姐并不笨，她慢慢感觉到了周围人的变化。可是在这件事上，她却也不够聪明。她认为大家对她的疏远是觉得她不够好、不够优秀而造成的审美疲劳，于是愈演愈烈，以"要是我"为口号，加紧火力宣传自己的人品和能力。

几乎是每一周，每一天，甚至是每个小时，在她活跃的各个角落，都响彻着"要是我的话，如何如何"，都有着一群目瞪口呆的人，在她连环炮一般说完后唯唯诺诺地点头。

那大概就是"要是我"小姐最风光的时候。

可是到了年底，"要是我"小姐的合同到期，而公司居然没有选择续签。

她拿着一纸解约书几近崩溃，满腔的不甘和怒火让她终于不顾形象，冲到老板的办公室理论："我为公司做了这么多贡献，比谁都干得多，比谁都干得好，为什么让我走？"

"要是我是你的话，我一定会毫不犹豫地留下你，并且给你加薪、升职对不对？"老大挑挑眉揶揄道。

"要是我"小姐听到这熟悉的句式一愣，半晌没反应过来。

"你的优秀，我不否认。但是我不希望你的优秀是建立在夸大其他人的无能之上。即便你再好，我也不相信你能一个人不凭借任何帮助完成所有的工作，我们是一个团队，不是你一个人。"

她几乎没有力气反驳了，那一刻她终于明白，她的天赋和她的才华从来没有错，可当她开口说出"要是我"这样自夸的语句时就大错特错了。

她自己种种的好，应该用以自律自矜，而不是用来贬低他人。

当你用"品德"和"智商"去大肆攻击别人时，并不会显得你优越，或许你真的比别人高尚一点又聪明一点，可是当你得意地和别人做出比较时，就已经输在了"口德"和"情商"上。

"要是我……"这个句式说出口那一刻，就变得跟吹嘘和空话没有任何区别，带来的不会是认可和欣赏，只有质疑和厌恶。而吹嘘跟优秀的距离，比无能离成功还远。

"要是我"小姐终于明白了这个道理。还好，对她的一生，尚不算晚。

不要为了任何事
去讨好任何人

　　总是看别人脸色，就会失去自己的颜色。总是想着适应这个世界，就会失去自己的世界。

　　别为了合群丢掉个性，为了稳定放弃拼搏，为了名利丢掉梦想。你有你的骄傲，你可以活出自己本来的样子。

　　不去讨好，不去取悦，安安心心做自己，才是有趣的活法。

　　◎　做你自己，因为别人都有人做了。

　　◎　很多时候，你觉得太难太累，是因为想了太多外界的事情，而忘记了心里的本我。

　　◎　从别人的眼光中走出来，找回勇敢的自己。

日本作家山田宗树的小说《被嫌弃的松子的一生》中有这样一个情节：松子的妹妹常年卧病在床，父亲对松子的妹妹照顾有加，几乎把所有的心思都放在了这个生病的小女儿身上。松子不理解，她也希望能够得到父亲的爱。一次偶然的机会，她做了一个搞怪又搞笑的鬼脸，逗得父亲哈哈大笑。她试了几次，都很有效。自那以后，她便把做鬼脸当成了自己的招牌动作，遇到可怕或难堪的事情时，就会做这样的动作。

长大以后，她依然刻意讨好着周围的人，在爱情里更是卑微。就算被男友大骂，每天提心吊胆地过日子，她也不肯离开，还在奉献着自己的爱。影片中说，她所给予的是"上帝之爱"，她所有的努力讨好，不过是不想一个人生活。可最后呢？没有人同情她、珍惜她，她在孤独与可怜中死去。

也许，我们都不会有松子这样的遭遇，可那种刻意讨好，用卑微的姿态博取他人好感的事情，在生活的细微角落里却总能找得到。也许，你希望对方可以成为你的知己，所以迁就着他的每种情绪；也许，你希望得到他人的赞美，所以违心地做着自己不喜欢的事，收敛着自己的真性情。可是结果，就跟松子一样，并不能让每个人都对你感到满意。

闺密芳芳就是那种为讨好别人而活的人。

芳芳从小就是个乖乖女，对父母的话言听计从，从来不会反对。她长大后，对任何事都没有自己的主见，只要别人能满意、能开心，她就会倾心尽力去做，哪怕是她讨厌的事。

结婚后，芳芳依然是这样。为了孩子和丈夫，她不停地忙活，除了顺从就是受气，每天提心吊胆，生怕说错话、做错事，活得小心翼翼。老公若是开心，她就会长舒一口气；老公若是绷着脸，她就不敢大声言语。她像是一个木偶，麻木地活着。丈夫总是疏远她，孩子也不愿意和她多讲话。这样的日子，让她倍感压抑，自己付出了那么多，到底是为了谁？

绝望的时候，芳芳在网上给一位心理医生留言说，她想死，了却这一生。

心理医生收到消息，马上打电话给芳芳，说要跟她见面谈谈。

芳芳没有拒绝。或许，她并不是真的想结束生命，她只是压抑了太久，希望有人理解。

在心理医生的开导下，芳芳说出了自己的成长经历。她父亲是个保守又严厉的人，不允许她出去玩，也不允许其他伙伴到家里找她，母亲每天小心翼翼地陪伴着，稍不留意就会招来打骂。她已经记不清楚自己挨过多少次打骂，只记得很多次她都在睡梦中被父亲的打骂声惊醒。父亲的坏脾气，让她慢慢学会了顺从，学会了隐藏，学会了讨好。

在别人面前，她很少讲话，只是尽力去做事。在学校里，唯有学习能给她一点安慰。老师和同学喜欢她，可很少有人知道，她为了让别人高兴，无数次委屈了自己，明明做着不喜欢的事，却还要装出开心的样子。

大学毕业后，芳芳依照父母的意思，相亲结婚。之后，就过起平淡的日子。起初，丈夫对她呵护有加，可如今却疏远了自己。看到丈夫和孩子与自己不亲近，而别人一家三口其乐融融，她实在无法面对，活得越来越痛苦。

她说起为了讨好别人做出过怎样的努力，为得到别人认可怎样委屈自己，多么担心别人不喜欢自己，多么害怕遭到抛弃。

心理医生告诉她，正是这种心情和做法，让她在生活里受尽了折磨。她不懂什么是爱，也不知道怎么去爱，只是在用努力讨好别人，博得好感。做这些事的时候，她已经失去了自己。她为了遮掩自己的内心，刻意压制着各种情绪，外在和内在的自己不停地争斗，在伤害自己的同时也被亲人疏远。

芳芳的经历，让我感到很悲哀，她为了讨好别人，承受着不必要的委屈和伤痛，希望她能尽早摆脱这种生活方式。

生活中，当别人疏远自己的时候，我们要先跳出别人的视线，跳出别人的世界，再思考究竟是自己的问题，还是他人的问题。有错的话就不要找借口逃避，没错的话就抬头挺胸做自己。你若只顾讨好别人，连自己都没有了，你还如何有能力去照顾别人？

做事之前，我们要想想是心甘情愿的，还是被迫勉强的？想想现在做了，日后会不会后悔？如果是真心想去做，那么自然会做得很好，彼此都快乐；如果自己并非出自真心，能够付出的也有限，那就不要强迫自己。就算有人说你不好，也不必太介意。

讨好别人，是一件没有意义的事。就算你再怎么努力，也总不能方方面面都让别人满意。与其如此，不如讨好自己。

不揣测，
是最高程度的爱与自尊

有趣的人，都有自知之明；无趣的人，总是不懂还乱说。

人的情绪千奇百怪，今天你面对的那个人为什么开心，明天他又为什么突然愤怒，也许你绞尽脑汁也想不明白，所以你没必要去揣测别人的想法。

◎ 不要靠揣测别人的想法活着，也不要让别人的行为干扰你。

◎ 生活始终是你一个人的，开心或是悲伤，你都得自己承受。对于别人，也是如此。

◎ 先相信他人，再详细了解，尊重事实就是尊重自己。

U小姐在屋外打电话的声音越来越大，从一开始的温言细语逐渐变成河东狮吼，最终以怒摔手机的一声巨响而告终。她气冲冲地走进屋子时，我们都自觉变成了空气，恨不得在她面前销声匿迹。

她大概是感觉到了屋里的气氛太沉重，抬起头勉强笑了一下，说："你们玩你们的，不用管我。"

看着众人面面相觑又不敢问出口的纠结表情，她语气中带上了哭腔，接着说："我要是跟H分手了，你们以后出去玩还叫我吗？"

此话一出，大家立刻炸开了锅，纷纷围拢过来："不是吧，你要跟H分手？你确定没说梦话？"

她委屈地摇摇头："我就知道你们都向着他，你们都觉得他好，是我无理取闹，对吧？"

身后不知道是谁发出一句"补刀"的话："有点……"

H先生是我们这个圈子里当之无愧的万能好人，还附带"智能调节模式"。而U小姐，则跟无数小女生一样，有着莫名其妙的坏脾气和变幻莫测的小心思，她任性起来，就如一把锋利的柳叶刀，让接触她的人遍体鳞伤。

"刚刚他给我打电话，让我明天跟他一起去爬山，我说肚子疼去不了，你们猜他说什么？他说'我懂'！你们说说，一个大男人真的懂什么叫'姨妈疼'吗？还真挚得像感同身受一样。"

围观的人一脸黑线："就为这个？你也太小题大做了一点吧。"

U小姐急急忙忙地补充道："不是啊，他每次都是这样说他懂他懂，可是实际上他什么都不知道，而我越是生气，他越是低声下气地猜测我的想法和心情，真是好讨厌啊。他就不能说他不懂，然后认认真真地听我说话。"

有人又继续"补刀"："可是他也没有说完'我懂'就岔开话题不让你说话呀？"

"可是，他每次不懂装懂的时候，我都觉得接下来的话没办法说了。就拿今天为例吧，他如果什么都不说，我还能顺势撒个娇、卖个萌什么的，可是他一说懂，我就觉得接下来自己要说的全都是矫情和任性了。"U小姐终于说到了重点。

对于U小姐的遭遇，我是同情并理解的。

如果他沉默，你大可以倾诉自己的想法和感受，甚至是添油加醋地补充上一些小情绪也无伤大雅。可是如果他硬要说懂，便只剩下事实可以交流，任何的感受和心情都会显得片面、夸张和不合时宜。

好像谁没悲伤过，好像谁没有肚子疼过？外人看来的体贴、温柔和疼爱，在当事人眼中却是一句"你可以闭嘴了"。

我想起之前看《摩登家庭》的时候里面有一句台词："什么都不要说，我只想自己去感受。"或许与U小姐的心情有异曲同工之妙。

不知道这些常常说"我懂，我明白"的人，在他们想要倾诉的时候会期待怎样的回答。

另外一个故事，发生在我参加工作的第一年。当时公司组建了一个四人团队的项目组，负责跟某供应商洽谈新产品的降价幅度。项目组有两位资深的老前辈和包括我在内的两个新人，为了和大洋彼岸的加拿大供应商实时沟通，又请了一位身在美国的同事进行远程协助，名曰配合。

那段时间，我们四个人每天都花大量时间研究同类产品的价格趋势，一边忙得焦头烂额一边雄心壮志地拟定目标。最资深的前辈自信满满，认为将降价幅度控制在30%不成问题，还跟我们旁征博引，听上去有理有据。

而一天早上，当我们收到美国那位同事的邮件"价格比率谈好了，8%"时，我们一下子炸开了锅，急忙拨电话过去质问，人家也只是淡淡地回复一句"这是对方能够接受的最合理的价格比率"。

一位资深前辈无比鄙视地咆哮："这什么人啊，到底懂不懂谈判和协商啊，自己一个人就敲定了，连跟我们商量一下都不肯，而且只有8%。这家伙肯定是没做任何功课，只凭直觉就答应了，脑子进水了吧，简直就是来拆自己人台子的。"

"是不是有什么内幕，他不会是中饱私囊了吧？"

"这么无能的人是怎么混进来的，是靠关系吧？"

我们纷纷附和，并给这位美国同事取了个外号，叫"进水先生"。

"进水先生"过了几个月来到中国，临时的座位正巧跟我们排在一起。我们怀揣着对他的深切鄙视，完全没有照顾他语言不通的意思，依旧讲着中文，他带着那种礼貌又尴尬的笑容在旁边站了一会儿，发现我们丝毫没有切换英语跟他聊天的意向，有些无奈地耸耸肩，转身回到座位上埋头干活。

我们与"进水先生"再也没有了交集。

直到又过了一年左右，我们去参加谈判技巧培训，正巧遇到当时的供应商代表，他笑着说："你们公司真贪心，有一个John还不够，还想让你们都变得跟他一样厉害吗？"

他口中的John，就是我们取了外号的"进水先生"。

"我们的产品原本没有降价的余地，这种加工件做起来产能太低，报废率又太高，折合下来成本比原材料的价格近乎要高三倍。John在我们的工厂里待了两周，帮助我们重置了产线，让我们的产能得到优化，我们才提供给你们8%的折扣。不过我们很感激他，他对我们提高产能的帮助远远大于8%。"这位代表自顾自地说着，以为我们可以将他的赞美带给John听。

而我和老前辈已然面面相觑，只觉得惭愧和无地自容。

　　我想起John无奈地耸耸肩转身走开的样子，终于明白了一个道理：有那么多事情都超过了表面所呈现的样子，你以为你以为的就是你以为的吗？

　　我们对别人的评判和议论，有几分是根据全盘事实而不是以我们的直观感受和恶意揣度为出发点的？根据自己的揣测对他人做判断，且不说是对他人的怠慢和失礼，单是这种自以为是的态度，就足以让自己陷入一个可笑又尴尬的境地。就像一个扇在脸上的耳光，你疼完了才发现，呀，居然是自己的手打的。

　　最可笑的是，你总会滔滔不绝地议论半天，生怕旁观的人不知道你跟当事人有多不一样。

　　人家娇情任性，而你包容大度，心胸宽广。

　　人家腹黑毒舌，而你体贴温柔，心地善良。

　　人家懦弱无能，而你坚强勇敢，威震八方。

　　然而，你明明是凭借着一腔自大和无知对别人妄加揣测，却以为是在伸张正义。以己度人，简直滑天下之大稽！

　　我们每个人在这个世界中，都既是看客又是演员。拥有作为看客的觉悟是一种可贵的能力，承认自己不知道或是不知情，接受意料之外的可能和结果，才是明智之举。

　　尽量不揣测别人，原本就是对自己最高程度的尊重。

你还没有重要到
让我动用情商的程度

  一个高情商的人自然是有趣的，他能贴心地照顾到你的情绪和感受。

  可是，很多时候，我们并没有重要到值得所有人都关注的地步。当你跟别人打交道时，一定要看清你在他心中的地位，否则，即便对方是个情商很高的人，他也未必会理你。

  ◎ 凡是涉及利益的事情，都不要跟别人谈交情。

  ◎ 不要自以为跟别人有过一面之缘就是朋友了。

  ◎ 没有天生高情商的人，只有不断变得重要的自己。

有次聚会，我遇到一位高中女同学。我跟她已经失联好多年了，看着她的笑脸，我好半天也没想起她的名字来。她却很熟络地在我旁边的空位坐下，问我："你还记得那个×××吗？"

她口中的×××，是我最要好的朋友之一，姑且称之为V小姐。

"记得，她当时坐我后桌，我们……"我正要说下去的时候，发现这位高中女同学的嘴角撇过一丝不屑和厌恶，于是及时收住了口。

"就是她，你不知道，我上个月要去她所在的城市参加一场考试，本想着人生地不熟的，刚好有老同学在那儿，就跟她说想要去她家借住几天，考完试再玩一玩，可你知道她是怎么说的？"高中女同学的语气中带着愤恨。

我想象了一下V小姐冷笑的表情，说："她拒绝你了？"

高中女同学立刻像鸡啄米一样点头："对呀，枉我还辗转很多人才要到她的微信号，她居然只给我回了个'对不住，我不习惯跟人同住'，然后就再没有回复了。你说说，这什么人啊。看她当年在学校学习那么好，其实情商低成渣，一点人情味都没有。"

我不知道如何回应这样的话，还记得去年我的家人要去V小姐的城市办事，我只是在闲聊中跟她说起这件事，她便早早地要去了我的家人所乘坐的飞机的航班号，又专门请了假开车去机场迎接。她主动提出给我的家人当导游，带他们逛了大半个城市，还送了一大堆当地特产。为此，我的家人对她赞不绝口，过去一年多了还常常夸我交到个好朋友。

对于这位高中女同学的事，我可以猜到V小姐当时的表情和她会说的话："我又不是消防队的，你有事的时候才想起我，我就要为你随叫随到，帮你救火，凭什么？"

其实，我是赞同V小姐的做法的。我没有料到，居然真的有人会认为常年不来往、不联系，只用一句"咱们从前认识"就能平白换来别人的鞍前马后，就能跟别人一夜之间成为莫逆之交，让别人心甘情愿地为你两肋插刀。

话说回来，对于不想结交的人，何必把情商展露给他看呢?

来说说V小姐吧。她有过一段恋爱史，那个男人英俊潇洒、事业有成，只是因为工作太忙而一直没有找女朋友。他们经人介绍相识，见了面觉得双方都还算顺眼。第三次约会之前，V小姐发了条欢愉的微信给我："我觉得有戏，感觉挺适合的，这次他要是提出交往，我就要答应啦。"我当时因为手机没电而错过了她的秀恩爱，当傍晚回到家正想要回复祝福语的时候，她又一次发微信过来："天啊，我是遇到了多么没情商的极品男。"

我实在等不及她编辑下一条回复信息，于是直接打电话过去，V小姐义愤填膺地讲述了这个故事。

他们相谈甚欢，吃完晚饭正准备去看电影，他忽然接到了公司的电话。他跟公司方面沟通之后，抱歉地看向 V 小姐："对不起，我公司有点事，我要先过去一趟，你约别人一起去看电影吧。"然后他果断地起身告辞。最重要的是，他甚至连开车送 V 小姐一程的意思都没有。

"他就不担心这么晚了我被坏人骗走？明知道我不太认识路。"V 小姐抱怨道，"果然是智商高、情商低的极品，难怪没人约。"

我听完她的抱怨，劝解说："这是现实世界，不是在拍《沉默的羔羊》，没有那么多坏人对你虎视眈眈，而且你也不至于笨到别人一骗就上当的地步吧。况且即便你是路痴，也不是白痴好吧，即使你不好意思开口问路，打个车或是开个手机地图总可以吧。"

"其实这都是其次啦，我主要是觉得他不重视我，正约着会居然还回去办业务，心里完全没有我的位置。"她声音慢慢低下来，"其实我知道这才第三次见面，不该对他要求太多，人家也不可能就这样为我改变自己。可是他居然都没有哄我一下，他是做销售起家的，多么能说会道的一个人，就那样直接走人了。"

原来人家不是没有情商，而是没将情商给你用而已。你还远远没有重要到需要他动用情商的程度。

用智商去判断事实，总比用情商判断感受要简单得多。

　　而我们总是期望能被这个世界"善意地对待",即便是被拒绝,也要委婉,不要让我们察觉到冷漠;即便是被批评,也要温和,不要伤了我们的"玻璃心"。

　　可是别人凭什么?

　　对 V 小姐而言,那位高中女同学是早就断了联系,不再来往,近乎陌生的人。对那个相亲男而言,V 小姐只是刚认识不久的相亲对象。

　　他凭什么要费尽心力照顾你的情绪和感受? 大家都是成年人,理应早就熟悉这个世界的游戏规则。

　　况且你对他而言,尚不够让他绞尽脑汁将自己打造成一个"善良的、高情商的人"来给你看。哪里有天生就温柔体贴、八面玲珑的人,不过是我在乎你,才愿意为你忍痛让步或者放弃,才会越过事实,努力去考虑你的感受和心情。

　　你说他情商低,说他不近人情,说他不够善良,好像他会在乎你这样的评价似的。

　　对陌生人一视同仁的善意,从头到尾都只是一个美好的期盼而已,哪有人能够做到跟身边的所有人感同身受。假使是有,你就这样想一想,如果他对自己女朋友的体贴细心程度等同于对一个陌生人,虽然会被别人夸"暖男",若你正好是这一位的女朋友,你能接受吗？你会开心吗？

　　V小姐爱情故事的结尾是，她跟那位单身优质的工作狂走到了一起。果不其然，他因为工作上的事怠慢老婆的次数越来越少。而偶尔当他这样做的时候，V小姐也并不生气，她会想办法让自己在他心中的地位越来越重要，重要到他会慢慢用心感受她的感受，会俯下身去在乎她的想法、心情。她的至理名言是："没有天生高情商的老公，只有不断变得重要的自己。"

　　人对人表现出的情商，一定会根据谈话对象在你心中的重要程度而发生改变。你抱怨别人情商低、不近人情的时候，最好还是先自问一句，你现在的位置，究竟是别人的心里的谁，你有没有重要到需要别人动用情商来应付你的程度？

　　而对于那些不大有自知之明，总是提出超过交情而又莫名其妙的要求，被拒绝之后还在抱怨"这人真是没情商"的人，还是先想一想自己吧。

　　你若真是高情商，又何必开口呢？

PART
FOUR

唯独有趣，
能让你打败所有的平淡无奇

无论何时何境，
保持灵魂的高贵

　　这个世界上好看的脸蛋太多，有趣的灵魂太少。

　　有趣的人对所有事物都充满好奇、饱含善意，永远闪烁着善于发现美的眼睛。

　　人生在世，随波逐流总是很容易。纷纷扰扰中能有自己的坚持，却难能可贵。

　　◎ 有趣的人，大多开朗豁达，通晓世情，又不困于世俗。

　　◎ 有趣的人，灵魂里藏着高贵的属性，一言一行都能让人倾心。

　　◎ 有趣，能让你自带光芒，领略无限风光。

一间高雅的餐厅里，两个不同的角落，两个不同的女人，两种不同的人生。

东厢的女人出身豪门，穿着 Gabrielle Chanel 的裙子，戴着 Harry Winston 的戒指，背着 Prada 的包包。她一脚耷拉在沙发下面，一脚放在沙发上，不端的坐姿与她高贵的衣装格格不入。她在给男友打电话，根本忘了自己所在的场合，时而冒出一两句轻浮的话，时而又大爆粗口，惹来餐厅服务员的注目。只是，那些眼神里，没有羡慕，只有鄙夷。

西厢的女人普普通通，清新淡然，穿着一条棉麻阔腿裤，一件宽松的白色 T 恤，头发自然地散落着。她点了一杯咖啡，对服务生露出一抹浅浅的微笑。她全身上下没有一件名牌，生活向来也是简简单单的，只因从前的她切身体会过贫苦的日子，所以她更愿意用钱帮助那些与自己有着相同命运的人。此刻的她正在写信，收信地址是贵州省某一贫困的山区。

庸俗与高贵，浅薄与深邃，就在一个短短的生活剪影里，被诠释得淋漓尽致。

浮夸虚表的世界里，要做个漂亮的女人很简单，要学做精明的女人也不难，唯独做一个灵魂圣洁、内心高贵的女人不容易。真正的高贵，不关乎出身，不关乎地位，不关乎名牌，而是内心潜存的精神意念，是灵魂里的自信与高尚，是举手投足间的优雅与从容。

若说漂亮女人是一道风景，那么高贵女人就是万绿丛中一点红。漂亮是天生的，而高贵却要经过时间、由外而内的熏陶才能显现出来。她像一坛沉香的酒，看起来清淡如水，细品才知醇厚的芳香。漂亮的女人只能暂时吸引一些人，高贵的女人却可以长久地征服每个人的心。老天不会把美丽的容貌和锦衣华服赋予每个女人，但女人可以依靠自己拥有高贵的灵魂。

一位女友在咖啡厅里，讲起了一则充满温情却又略带哲思的感人故事——

说起高贵的女人，我第一个想到的人，就是海澜。我们第一次见面，是在她先生的别墅里，那里四周都是草地，远处就是蔚蓝色的大海。我和海澜坐在二楼的阳台上，晒着太阳，喝着咖啡，聊着人生。聊到一些颇有感触的话题时，海澜竟提出要弹一首曲子。我留意到，海澜的手很漂亮，纤纤如葱，白皙柔软，肤质细若凝脂，左边的无名指上戴着一枚冰雕般的蓝宝石戒指。那时的她，刚刚与一位年轻有为的华裔富商结婚。

海澜衣食无忧，读书、弹琴、煮咖啡、做蛋糕，有情调的东西总能够吸引她。这样舒适的日子，在她看来也并不算特别，她原本也是出身门名，过着富足华美的生活，她的骨子里，有一种与生俱来的贵气，不做作，不刻意。

可惜，岁月无常，天意弄人。谁也没想到大起大落的字眼会和她的人生联系在一起。几年之后，因决策失误，家里的生意遭遇危机，在外出洽谈时，父母和丈夫又因为意外离世。一夜之间，繁华落尽，如梦初醒，满是悲凉。那一年，她只有33岁。

海澜和两个孩子相依为命，她用柔弱的肩撑起一个家。她做过钢琴老师，做过美食编辑，做过兼职撰稿人，在奔波劳碌的日子里，她没有一句怨声，平静坦然，默默承受着生活的重担，还有那些不时传来的流言蜚语、嘲笑讥讽，以及幸灾乐祸的目光。

每天晚上，她会辅导两个孩子的功课，给他们讲一些有关人生和品性的故事，也会讲到他们的父亲。日往月来，一年又一年，两个孩子已经读大学了。

那天在海澜家里，我们一起喝下午茶。木质的圆桌被擦得光亮照人，上面放着她亲手做的蛋糕和沙拉。她依然像从前那样，喜欢在蛋糕里放各式各样的东西，核桃、葡萄干、瓜子；水果也切得细细薄薄，整整齐齐，摆出漂亮的团。用叉子吃东西时，她的姿态还是那么优雅轻灵，与当年那个矜持华美的她，毫无分别。

我凝视着海澜的脸，她那么漂亮，长长的睫毛，水汪汪的眼睛。只是，那些沧桑和坎坷，全都落在了她那双纤纤之手上，它们跟着海澜一起完成了人生的蜕变，变得硬实了。

我轻轻地问："这些年，挺难的吧？我听说，有个富人一直追求你，你没动过心？"

她说："他是我丈夫的旧相识，对我确实不错，常常开车过来看我和孩子。特别累的时候，我也想过，可以依靠一下他，帮我分担肩上的担子。可是，我不能那么做，我不爱他……"海澜笑着，温婉宁静，安然自若。她烫着漂亮的头发，穿着一件米色的开衫毛衣，周身散发着一种高贵的气息。

什么是高贵？我想这就是了——干净、优雅、低调、有尊严地活着，不为眼前的利益而放弃原则，不为渴望温暖的贪念而违背真心。富与贵不是对等的，那些灵魂上的高贵的女人不一定富足，高贵永远无法用金钱买到。

高贵的女人，有一份无欲则刚的平常心，对待得失总能随缘；高贵的女人，有一份从容豁达的心态，对事宽容，对人温和，不会要求最完美，却会要求自己做到最好；不一定拥有物质的最高贵，却会完备内心的高洁；高贵的女人，不会因为命运的践踏而凋零，她会依靠自己去改变命运，把自己活成一粒种子，慢慢地发芽、开花、结果。

高贵的女人，从不渴望被男人赐予幸福，她们懂得柔弱与依附只会让生命黯然失色。与此同时，她们也不会给男人背负太多的精神负担，而是用完善自我的方式帮助男人找到一种信心，让他勇敢地为自己托付爱。她们通达善意，珍惜感情，却又不会为爱失去自我。

女人，活着就要美丽、高贵。在人生的旅途中，始终保持一颗高贵的心，无论何时，遭遇何事，都要仰起骄傲的头，做一个从容坦荡、快乐由心、优雅淡然的女人。

为什么
你没有变低俗

如果有人对你说："你太低俗了。"不必介怀，因为说这话的人也未必高雅。

人是情绪动物，即便修养很高，也不可能一直压抑自己的天性，该发泄时终究要发泄。只要不是失心疯，偶尔出格一次，低俗几回，都是可以被原谅的。不然，人生该多无趣啊。

◎ 你觉得自己没那么低俗，可能是你把自己想得太高了。

◎ 高雅就是高雅，低俗就是低俗，雅俗共赏是个矛盾体。

◎ 无知比低俗更可怕，无论如何，还是要加强自身修养。

　　有人问：人如何显得低俗？或许这个问题的意思是，怎么努力才能做到低俗？

　　志向很令人钦佩……

　　我绝对不是嘲笑，因为，和想象中不一样，低俗是很难的，想低俗确实不容易。

　　无恶不作的大恶人，吃饭吧唧嘴的小青年，满嘴黄腔的老流氓，路边流浪的汉子等，都算不上低俗，有更合适的词汇形容他们，比如坏，比如脏，比如潦倒。

　　要达到低俗的境界，首先必须有文化，找个书店玩命读书，但不能多，也不能读得太细。如果很快能建立起一种自信，觉得自己有文化，就差不多了。

　　如果你越读越觉得自己无知，很遗憾，你算废了，通往低俗的大门已为你关闭，认命吧。

　　如果能过此关，还需要历练，除了书之外，还需要艺术修养的培养，建议观看十年内的各种文艺节目的集锦和各路高人的发言大全，等等。由于我不是专业人士，此推荐仅供参考，万一你心有戚戚，就有希望，如果看不下去，那说明悲剧了，你将很难低俗。

　　通过这两关之后，你可能会下载网络新闻客户端，如果走运，你还会发现很多志同道合的人。你开始从网络上看到很多手机辐射致癌，世界末日快来了，转基因会弄死人类等虚假消息，无处不是惊天大阴谋，这让你愤怒，让你流泪，让你热血沸腾。

目前为止，你仍不低俗，即便你又发表了无数愤怒的帖子，你仍然没有进步，在通俗和庸俗的泥潭里无法挣脱。你有颗善良的心，有着激情和理想，偶尔还会随手转发正能量，但你离低俗还很远。

30岁来了，你迎来了机遇。作为一个成熟的男人，你眼含热泪地购买了锤子手机，你相信，那是情怀。

31岁的时候，你依然单身，这时候你遇到了一个大众女性的男闺密，他专门给女人讲怎样区分男人的好坏。你是一个男人，但是你觉得他说的有道理，男人就是"脑残"，男人就是不怀好意的，而你卓尔不群，是他嘴里讲的那种真正的汉子，你很骄傲。

33岁，你打算结婚了。可是女人都很势利，你没有办法，忍痛购买了两千块一碗的砂锅粥，那姑娘觉得不好吃就扔了，非要吃麦当劳，你很愤怒。回家的路上，你看见小伙骑自行车载着小姑娘，你瞬间又开心了："我一碗粥买你们十辆自行车，哼！"

34岁，你在网上学会了谈恋爱。打压，嗯，女人就得打压。送什么砂锅粥？不能助长她们的气焰。所以再一次遇到那个拒绝你的姑娘时，你微笑着说："哎呀，你牙齿上有韭菜啊！"姑娘照了下镜子说："没有啊，你瞎吗？"你怒了，大喝一声："你才瞎，我是在打压你！"说罢转身离去，深藏功与名。

35岁时，你发现你懂得了很多道理，却过不好这一生。你留意到一个叫韩寒的人，和你年龄差不多，他说，"喜欢是放肆，爱是克制""世界没观过，哪来世界观"……你感觉醍醐灌顶，点燃了香烟。这一年起，你开始抽"中南海"，低于8块钱的烟你是不会抽的，因为你觉得35岁了，要对自己好一些。

36岁，你不再骂房价高，因为你父母把房子卖了，才够你付买新房的首付。他们难以理喻，非让你买房，说买了房就可以抱孙子了，这伤害了你。于是你买了房，再也没理过父母。你把房子租出去，开始收月供，觉得还可以嘛，有套房子了，你恢复了自信。后来你又觉得内疚，于是接回了父母。

40岁，你结婚了。她是公务员，虽然你不喜欢公务员，但这么多年，许多事你都看淡了。你开始抽"黄山"——"一品黄山，天高云淡"。你从来没去过黄山，因为旅游景点都是骗人的，你不要旅游，去门头沟爬的那回山，你称之为旅行。你单曲循环了很久那首《旅行的意义》，心都柔软了。

50岁，你仿佛大梦初醒：我的理想是变低俗，我做到了没有？于是你转了一条微博：走着走着就淡了，光线也暗了，人也走散了，梦想也淡了……署名"张爱玲"，你依稀记得几年前这个署名还是

"苏格拉底"，在你看来已经无所谓了，人生就是一场修行嘛！

60岁，你突然变成了一个受欢迎的人，隔壁老王找你下棋，楼上刘阿姨跳舞每次都喊上你，小朋友们喜欢听你讲故事，年轻人觉得你很潮，懂很多网络语言，他们也喜欢你。还有，你戒烟很久了。

你没有变低俗。

你是一个凡人，过完了平凡的一生。

事实上，你没法变低俗。低俗是精英们玩的游戏，他们高，所以低下来，俗一把，才是低俗。

你就是一俗人，连俗的本分都没做好，曾几何时，你甚至还高雅过那么一两回。你怎么低俗？不能怪你。

好多词都在给你下套，别上当。就这样过你的一生，我觉得也不差，平安、痛快、不孤独。

你很热爱生活，
别再不承认了

　　我们希望得到世界的认可，希望得到上天的青睐。可是，现实总是跟我们背道而驰，给了我们太多的不甘心。

　　那又怎样呢？我们的路还那样长，干吗让心情倒在最前面？即便我们变成了与想象中截然不同的样子，那也是真实的自己呀。

　　◎ 生命在于折腾，有活力的人才是有趣的。

　　◎ 世界不欠你什么，苦瓜脸只会让自己心寒，笑对一切才能拥有更多。

　　◎ 人生远比你想象的更辽阔，你有能力让更多可能闯进自己的生命中。

前几天聚会的时候听到有人在感慨：人活着真是太累了，担心这个，忧虑那个。今天害怕一件事没做好，给老板留下坏印象；明天害怕约会迟到，开罪了男友；最可怕的是，每天早晨醒来，明显发现自己又老了一点，可钱包和职位都在反驳，说你还是刚毕业的那个小毛头而已。

我们一群人心有戚戚焉地点着头，只有Q姑娘蹦出来一句极富禅意的话："人的一切挣扎都是虚空的，最终不过是给本来无意义的人生强行添加了一些色彩罢了，有什么好追求又有什么好恐惧的，真是无聊。"

她说完，全桌都陷入了寂静，好像都在为自己无意义的人生默哀。直到她扬了扬手中的筷子，将沉默打破："哎，菜都凉了你们还不赶快吃，我可不陪你们沉思了，吃完还要跟男朋友去逛街呢。"

大家像是得到了特赦一样纷纷动筷，Q姑娘却高冷地坐在一边，露出一脸看破红尘的样子，用如同圣人般的眼光看着我们，带着一点对凡夫俗子的悲悯和不屑。

这样的时刻，让我觉得那些所谓的至理名言都是巨大的骗局，那些话语明明宣称温暖治愈，却往往让人越看越心凉。比如，"人生是无意义的""自己是完美的，应该被接受的""周遭的一切都是无关紧要的""一切都会过去的，你想要的时间都会给你"。

按照这样的思维来推断，你所追求的爱、金钱、财富、认同、理解、欢愉、婚姻、信仰等一切，都是没有意义的，不过是为了填满自己的孤独而已。它们本身不具备任何意义，所以你本来不用那么努力地活着。你别挣扎了，你就是最好的自己。别怕，每个人最后都是要死的，不过黄土一盖，你什么也留不下来。

这些话给你明明还火热的心，泼上一杯冰水，呲呲作响过后，将你变成不再挣扎的稻草人。

我曾经无比痛恨自己的纠结、懦弱和胆小，痛恨那个生怕冒犯了朋友，得罪了师长、老板，说话之前在脑子里过三遍的自己，那个住在酒店宁可戴着眼罩也要灯火全开的自己，那个不够潇洒、不够淡定的自己。于是我有一段时间痛饮心灵鸡汤，就在好不容易说服自己克服一切恐惧和纠结的当口，忽然模模糊糊地想起，如果我真的什么都不再恐惧，什么都不在乎，也不会被别人在乎，那我活完这一生到底是为了什么？

我怀念那个在漆黑的夜晚一边抱紧胳膊赶路一边被自己吓得要死的自己，那种恐惧的感觉是如此真实。每一阵吹来的冷风，紫藤花的每一丝香味和每一个凸起的鸡皮疙瘩都在提醒我，我在这个世界上是活生生的，我不够勇敢也不够潇洒，却努力地活着。

那样一种踏实的存在感，足以秒杀一切自欺欺人的心理安慰。

我们来世上走一遭，即便只是为了打一次酱油，也要装满一瓶，顺便看看路边的风景。

因为担心失去朋友而用心去维护那丝丝缕缕的默契，因为担心失业而尽力完成自己的每一项任务，因为害怕遇不到更好的人而尽力让自己变得比昨天优秀一点点，因为害怕失去爱而慢慢学会去爱，因为知道自己总有一天会死而在有限的时光里让每一天都更加有趣丰满。

没有人是一座孤岛，即便你一个人也能过得很好，即便独处也不会感到孤单，即便你知道身边没有人可以永远陪着你走下去，终其一生也不过一场"习惯一个人"的修行。可是当你看一处好风景时，有人与你同行，跟你会心一笑，也是一件很美好的事。

这样琐碎的牵绊和努力，才是带着烟火气息的生活。

超凡脱俗、心无所系是世外高僧的事，而对于你我这样的芸芸众生，忧虑更像是一种甜蜜的福祉，活生生地、凛冽地存在着。因为忧虑会失去、会失败，所以更加用力地想要去抓住、去感受。忧虑在你心灰意冷的时候提醒你，其实你挺热爱生活的，只是不愿意承认罢了。

最高程度的出世，并不是隐居在深山梅妻鹤子，朝食晨露夕食木槿，不是带着神一样的冷眼对世间的一切嗤之以鼻，更不是一提到钱、努力和爱就觉得可耻，而是带着一副热心肠坦诚地去对待生活，并热爱它，不管它本身是多么无意义，不管它是多么劣迹斑斑。

我有位坚称"恋爱无用论"的好友，平时总是拿些"爱情的泡沫归根到底不过是填补寂寞罢了"或是"夫妻本是同林鸟，大难来时各自飞"等话来寒众人的心，却忽然在一次远游之后转了心性，步入了一场甜蜜的恋爱中。

她乘坐的大巴在湿滑的夜雨道路上险些翻车，山间的崎岖小道旁边就是悬崖，所幸车在摇晃了几下之后终于找回了平衡，而她吓出一身冷汗的同时，居然起了一个念头："我活到现在什么都不缺，生活优渥，衣食无忧，有朋友，有事业，不算是太失败的人，可是我还没有爱过，多可惜。我还不想死，我要好好地去爱一场。"

所以，如果你觉得抑郁，不知道自己想要的是什么，觉得自己看破了红尘，一切挣扎都是徒劳的，一切生活的意义都是被强行赋予而不是发自本心的，那千万不要再自欺欺人地告诉自己身外一切皆是浮云。

不如去看一部恐怖片，去蹦一次极，去坐一次惊险刺激的过山车，去探访一次阴森的鬼屋，然后在半夜被吓醒的时候抚着胸脯叹一口气，发现自己还有呼吸，有意识，手脚都能动，像所有普通人一样害怕着、挣扎着从梦魇中醒来，看到床头的灯光会觉得好安心。这样细碎又温暖的惊喜，就是你与生活的契约。看，活着多好。

一个人
也要好好生活

一个人，也要活得像一支队伍，这是属于一个人的小繁华。

一个人，也要好好吃饭，填饱自己的肚子，治愈内心的孤独。

一个人，用自在的身心去拥抱世界，也是非常有趣的事。

如果你一个人，你会有什么样的活法呢？

◎ 一个人，可以宅，但不要宅到让自己发霉。

◎ 一个人，一定要提醒自己及时修行，而不是恣意去放纵。

◎ 一个人，并不表示与外界失联，不要对亲近的人缺少问候。

2011年，我一个人住在日本。日本有一个作家叫作高木直子，她写了一本书，名叫《一个人住第5年》。我一个人住的时候，就着了迷一样地看这本书。

一个人住没有什么不好，很自由也很放松。每天穿着宽松的睡衣和拖鞋，在自己的小房间里窝着，看看电视剧，吃吃零食，画画漫画。我拥有一个只属于我的空间，四面窄窄的墙壁把我紧紧地包裹着，我反倒有了一种安全感。

一个人住的时候，时间会过得很快。我喜欢用厚厚的窗帘把窗子牢牢地掩住，早上蒙蒙眬眬地张开眼，也不知道是几点，潦潦草草地清洁一下自己，然后一整天满满的都是自己的时间。做自己喜欢的事，沉浸在其中，不知不觉，我抬起头发现，窗外已经是繁星满布，一天又那么不带痕迹地过去了。

一个人住的时候，时间反而会静止下来。我有一块很大很大的地毯，深棕色的，比我的床还要大。我喜欢躺在地毯上，软绵绵、毛茸茸的很舒服。失眠的时候，我就仰着头看天花板。天花板上，路灯的光透过窗帘的缝隙钻了进来，映出各色各样的影子。路灯也陪我失眠呢，我这样想着，然后我就睡着了。

一个人住，有时心里什么都不想，睡得很好，什么时候都能睡，什么事都是窝在床上完成的。在床边吃饭，趴在床上看视频，俯在床上做腹部运动，躺着沉思。我在思考什么呢？我也不知道，只是，不知不觉中就睡去，然后又不知不觉地醒过来。每天都自己一个人，这么安静，有时候会过得连日子都忘记。

一个人住的时候，最怕失眠。晚上整夜整夜地睡不着，就去街上的便利店买一瓶烧酒，回到家自己灌自己。日本的烧酒不烈，便利店里的更是被稀释了酒精度。喝了半瓶酒，自己反倒兴奋了，突然变得特别想说话，但是摸出手机来翻了一圈却找不到人聊天。

看看窗外，天已经蒙蒙亮了，干脆就穿上运动衣去跑步。清晨的街道真的特别安静，街上根本就没有什么人，清晨时分，连小鸟都没有醒来。天只是浅浅地亮着，地上也有一层薄薄的树影。我绕着街道慢慢地跑着，有时会有带着晨露的树叶落下来，落到我的头上、肩上，再掉落在地，在衣服上空留一片水印。

跑着跑着，之前喝的烧酒的酒劲上来了，脚步变得有些蹒跚，回到家已晕晕乎乎，顺势往床上一躺，再一睁眼就已日上三竿。

一个人的时候，最麻烦的事就是吃饭。

最常去的地方是便利店，我也不爱买便当，偏偏买一些没有营养的小零食，话梅、蜜饯、甜豆、巧克力什么的，抱一堆回家，然后窝在床上吃一天。吃零食的时候，最开心的就是拆开一个个各式各样的包装，将一颗一颗五颜六色的糖果塞进嘴里，甜味和糖分在口腔里不断聚集，然后恋恋不舍地散掉，再放进去更多，直到嘴里被塞得满满的。

　　一个人的寂寞，只有通过感官获得一点点刺激。

　　虽然不常做菜，但是我每周会去一次市场，买一些新鲜蔬果。我往往会在周六的清早去市场。这天我会醒得很早，背着一个很大的双肩背包，穿着合脚的球鞋，出门的时候管理员"欧巴桑"都还没有起床。市场同我住的地方隔着十几个路口，走过去的话，应当刚好开门。市场人不多，新鲜的蔬菜和水果的味道布满空气，让我能感受到一些自然的味道。

　　我买了新鲜的青菜和苹果、鸡蛋和牛奶，把包装得满满的，最后再买一个二百日元的冰激凌，在回家的路上一边走一边吃。冰激凌很甜很甜，北海道的奶制品都很好吃，可是还没走到一半就吃完了。后半段路程里，冰激凌的味道就在嘴里一点点变淡，等我快到家了，冰激凌的甜味也没有了。我又回到了没有味道的、平静的、一个人的世界里。

　　一个人做饭吃，煮饭的量很难把握，总是煮得太多。后来和对门的台湾女生学，干脆一煮一大锅，然后分成一小块一小块的，用保鲜膜包好放进冰箱冷冻着，下一餐饭的时候就拿出一块来解冻。可以配着百元店买来的咖喱酱吃咖喱饭，也可以就着来日本的时候妈妈放进行李里的榨菜吃，也不知道是什么味道，反正就随随便便地往嘴里塞。

后来我做三明治，也像煮饭一样做了好几天的份，可是晚上肚子饿，吃了一个以后发现全麦面包配上芝士简直是绝配，一吃就停不了，一直吃一直吃，一不小心就把四五餐的份都吃完了。我捧着撑得硬硬的肚子躺在毛茸茸的地毯上，虽然胃有点涨得不舒服，但心里反而有一点满足的情绪，也许把胃填满了，心就不会空了？

一个人的时候，其实也是有感情的。

不是所有一个人住的人都是单身，也不是所有单身的人都寂寞。

我的朋友里，有的人仍旧潇洒地保持着单身，一有休假日就和各种朋友出门旅行、玩乐。

有的人会有"饭搭子"，两个自己住的人商量着一起买菜、一起开火，一个做菜，一个刷碗，不仅节省饭钱还能热热闹闹地吃顿饭。

两个单身的人，在一起久了，往往很快会住到一起去。反正都是一个人，住在一起做个伴，睡觉的时候被窝都会暖和一点。

以前我没有自己一个人住的时候，我以为我在一个人生活的时候会过得很潇洒。

但是当我真正一个人住的时候，我发现我总是很宅。

但即使很宅，我还是体验了许多。因为一个人住，真的会有很多的时间，多到我自己都有点慌了。于是我就给自己找事做。

开始我只做自己喜欢做的事：天天睡懒觉、吃零食、看电影。后来发现，自己喜欢做的事做多了心里也会发慌，睡觉睡到都产生了幻觉。于是我就开始做自己不是那么喜欢的事：学习、练字、做运动。

本来我很崇尚成功学那一套，觉得我的人生的成功就在于做了多少大事。一个人住之后我才发现，其实人活着，最重要的事就是给自己找事做，别让自己闲着。

一个人住得久了，胆子就越来越大，什么事情都能够一个人做。

一个人跑银行，跑遍整个城市办手续。

一个人去小饭馆吃拉面，拉面端上来的时候看到那层厚厚的作料，就胃口大开，吃了一大海碗。

一个人去市中心坐摩天轮，摩天轮升到城市最高的地方，扒着玻璃看整个城市的夜景。

一个人去吃好吃的，给自己买棉花糖和章鱼烧，章鱼烧滋滋地冒着热气，上面盖着一层美乃滋和细细的海苔粉。

一个人去游乐场玩，排在满是情侣的队伍里也不觉得突兀，坐上过山车看到世界在眼前颠来倒去，尖叫得比谁都响。

一个人去看电影，买了一罐可乐和小杯的爆米花，默默地坐在倒数第三排的最右边，一直坐到大银幕上出现"谢谢观赏"。

一个人去洗温泉，洗净身体，然后学着老奶奶们的样子把毛巾折成方形放在头顶，身子浸入温泉。

一个人住的时候，还是可以很时髦优雅的。我精心布置我的房间，有毛茸茸的地毯，还有漂亮的桌布，整整一面墙上都是我自己的画，桌上是一对红酒杯和香薰蜡烛，打开冰箱，总会有巧克力和红酒，也会有我爱喝的蜜柑水。

其实，一个人的生活真的很简单，十来平方米的小房间，一张床，一台电脑，一堆书，把自己安置好，没有大悲伤，也没有大快乐。只有小小的惊喜、小小的孤单、小小的烦恼、小小的期待，细微而琐碎。

一个人住得久了，就忘记怎么倾诉自己。

就算和你擦肩而过，我也忘记应该有怎样的表情……

没有伞的孩子，
只能努力奔跑

　　常有人抱怨自己家境不好、出身低微，起初别人听后还会表示同情，可如果抱怨得过多，别人就会觉得他矫情。

　　所谓生趣，并不会因为你的贫苦而减少，也不会因为你的富有而增加。人生中的妙趣横生，来自于你始终都能把生活过得热气腾腾。

　　◎ 在难搞的日子里笑出声来。

　　◎ 请相信你受的苦将照亮你的路。

　　◎ 成功的人永远比一般人做得更多、更彻底。

"她的声音带着微微的脆，有一种冰块裂开般的清冽。"听完T小姐的培训课程后，旁边的同事这样对我说。

T小姐——这个我们公司有史以来业绩最好、年纪最轻的女销售，却有一种超越年龄的成熟。短发、太阳镜、职业装等，无一不显示着她的干练。我想，男孩子都仰慕她，女孩子都羡慕她吧！

"我的房子、车子、事业，都是公司给的，没有公司，我什么也不是，你说，我有什么理由不爱公司呢？"她以一个反问句漂亮地结束了培训，提着无数女人渴望的经典款LV进入了同样令人渴望的黑色奔驰，然后潇洒地离去。

"其实，她的口碑并不佳，为了拿单子什么事都能做得出来。而且听说她特别会来事儿，每当高层出现时，她就变得特别积极。"有嘴碎的同事念道。

"而且只是个自考的大专生。"有同事马上"补刀"。

人在职场，注定要遭遇人性弱点的种种，无论是两面三刀，还是表里不一。

那些刚才还笑脸相迎的人，此时已经换了一副嘴脸。

人们习惯性地认为，一个成功者的背后，总是有很多不可告人的秘密，但我却觉得，成功背后，更多的恐怕是难以为外人道的辛酸。

当然，无论他人把T说得如何不堪，我都是不大信的。

虽然我才到公司两个月，并不完全了解什么。但那时的我，已经是一个成熟的职场人士了。一个人成熟后的最大变化，就是对周围人的话不再轻易全信和附和，因为，我已经有了自己的判断。

我与T打过一次交道。一天，我忙着去参加一项业务洽谈，走着走着，忽然听见后面有人叫道："嗨，美女，好久不见。"那是T的非常有辨识度的声音，我回过头去，果然是T。她看着我，面带微笑，我还没缓过神来，她已经挽着我的胳膊轻轻说道："陪我去下洗手间好吗？"

我颇为狐疑地跟着她到了洗手间后，她便从包里拿出一条崭新的肉色丝袜来。顺着她的眼神，我才发现，我的黑色丝袜不知何时破了。"职业装需要根据季节搭配颜色，春夏浅，秋冬深……"她说。我明白T的意思，现在已经是春夏初交时分了，不再适合穿黑色丝袜。我接过丝袜，不好意思的同时，也多了几分钦佩：这样的心细如发与兰质蕙心，已经很少有人能比了。

当然，这仍然不足以解释为什么一个28岁的女孩，到公司不过三年，便已经拥有了很多人想要的一切……对此，我一直心存好奇。

直到秋天，T要回贵州安顿奶奶时，我才了解了T从艰辛到成功的全过程。

T是一个孤儿，只有奶奶一个亲人。来到我们公司以前，只是一个家具商场的营业员，月薪不过区区800元。在这浮华年代，仅能满足最低生活需要。尽管工资低得可怜，但T依然充满了工作热情，做什么事都很认真。其他营业员犯困时，她在研究家具摆设；其他人偷懒时，她还是在了解家具摆设。渐渐地，越来越多的顾客会选择T，因为她不仅会介绍家具，还能像室内设计师一样，给顾客提出很有参考价值的建议。

从一开始，她就比别人做得更多。

成功的人永远比一般人做得更多、更彻底。

做得更多一点，离梦想就更近一点。

由于她愿意更努力、更用心，所以，在公司一次例行化的演讲比赛里，脱稿上台激情澎湃的她赢得了董事长的注意。她被调到集团办，从此独立承担任务，一个人下工地，一个人跟进工程项目。一个夏天过去后，以被晒成小黑人为代价，她得到了工程完成速度快得大大超过预期的回报。

她也一跃成为公司的重点栽培对象。

然而天有不测风云，正当T干得如火如荼时，远在贵州的奶奶心脏病加重，T面临着回去照顾奶奶和继续工作的艰难抉择。

董事长知道后，二话没说就拿出5万元给T，说："把奶奶接过来治病吧。"

公司的慷慨，换得了她的倾情相报。为了销售集团公司的偏远楼盘，T实行苦力战术，不仅每天要跑200个客户，还要努力结合一切营销资源，让销售率提高一些，再提高一些。渐渐地，T成了公司的金牌销售。

"你们总是以为我年纪轻轻便已事业有成，活得比一般人都容易，"T轻轻地说，"但其实，我一无所有，能拼的只有努力。那些认为别人命更好的人其实不明白，不是别人比你更幸运，而是别人比你更努力。没有伞的孩子，只能选择奔跑……"

我想，我终于解开了T的成功之谜。

有些人只会羡慕那些开始收获的人，慨叹别人的好运，却始终没有想过要走过去，坚持下去，才有可能在自己选择的方向上走到可以收获的明天。

放弃诱惑
并不意味着放弃追求

诱惑往往是令人迷醉的，你奔向诱惑的同时，必须承受相当大的代价。

追求新鲜刺激原本无罪，但大部分无法拒绝诱惑的人都会有负罪感。

在这个机会泛滥、诱惑无限的时代，一个人要耐得住寂寞，经得起诱惑，还要承受得住压力，说到底，都需要内心有一股定力。

◎ 认真思考自己究竟想要什么，用青春、美貌去换取一晌贪欢，你觉得值不值呢？

◎ 始终守住自己的操守，始终守住自己的底线，不能丧失了原则和立场。

◎ 不识时务未必是坏事，因为外界不一定能给你想要的，而要靠你自己去创造。

非常佩服坐在公交车上的美女，她们本来有途径坐在宽敞又舒服的轿车里，但她们选择在这个年龄段过着平静的生活，她们抵抗住了诱惑。

选择本身没有好坏之分，但我仍会佩服她们。

L小姐小时候像芭比娃娃，连她坐在爸爸的自行车后座上，都有外国人招手想与她合照。长大了，荷尔蒙迸发，她脸上长满了青春疙瘩痘，这痘痘伴随了L小姐最美的青春年华——从16岁到25岁。

当然，即便长了痘痘，L小姐的明媚依旧难以遮掩，尤其是那一双美丽善良的大眼睛，透露着一种简单及随性。追L小姐的人很多，但是L小姐似乎总沉浸在自己的世界里。她太爱看书了，对现实世界的男人总是带着一些隔阂。

我有时很为她担忧。毕竟她还是世俗凡人，总得面临恋爱、结婚、生子这些事情。尤其是在这么封闭的内陆城市，一个好姑娘，放着大好年华不去谈恋爱，未免太格格不入了——是啊，L小姐26岁了依旧还未谈恋爱。

25岁之后，L小姐的面孔开始变得光滑平整，她也自嘲道："嘿，青春的标志没有啦，老喽。"我看着经常会在各个咖啡馆里读书的L小姐的微信，想：什么样的男人能驾驭得了她呢？

我的朋友力是个单身好青年，他最初见到L小姐时，目光一直追随着L小姐。可是经过几次接触后，他放弃了追逐。我问为什么，他说，L小姐是挺好的，对他也不错。可是对于一个男人来说，更愿意找一个美丽而没有思想的女人，L小姐太有思想，不好控制。

我听了他的话特别诧异，有思想也是过错吗？

"她很小资，而我是个粗犷的男人。"

此时我虽不是特别明白男人们的观点，但是已经不止一个人跟我说过L小姐太理想，他们不敢追。

其实，L小姐只是注重精神生活。她喜欢看书、旅行及健身。她会跟你谈天、谈地、谈时尚、谈车、谈文学，但是她就是谈不了生活中的柴米油盐。男人们看到的是这一面的她，但没有看到她吃路边摊、洗碗、扛桶装水的时刻。他们想当然地认为L小姐"十指不沾阳春水"。

L小姐曾经走在路上被人搭讪过，她自然没理对方。但不知怎地，对方以各种巧遇的形式与L小姐邂逅。后来了解到，此男是一家集团公司的董事。L小姐与他吃了两次饭，就立刻将此男pass（淘汰）掉了。我问为什么，她说他没有独立性。我说何以见得，她说他总是带着司机。她还不喜欢他总是说些吃喝玩乐的事情，一个男人，一天就只知道打游戏跟吃喝吗？

因为这件事，L小姐的妈妈对L小姐简直恨铁不成钢："闺女，吃喝玩乐不是人生的最高级，食物链的最顶端吗？你拼死拼活奋斗了大半辈子还不是为了这个？"

"我不同意你的观点。"L小姐直摇头，也没给什么解释，就钻到自己房间里去读书了。

"土豪"看来是不入L小姐的眼了，接下来上场的是有点小品位的外企男。

这个男人穿得很低调，但衣服的质感很好。他每周一在本市开会，周二到周五飞不同城市，周末回来。他每次回来都会问L小姐，你这周读了什么书？L小姐感到有些压力，可是她又很喜欢这种感觉。

他似乎无所不能，没有他不会的。当然这也与他们之间差7岁有关。不是有那么一句古老的话吗，我吃的盐比你吃的米还多。

一切看起来都很好，外企男言辞间总是有闪烁的暧昧，但就是不去表示。有那么一阵儿，L小姐也有些糊涂了："他到底是喜欢我还是不喜欢我啊？"

直到L小姐将思儿带到了外企男跟前。

思儿是典型的物质女郎。你总能看到她在朋友圈里晒美照及奢侈品，当然这一切都是来自男人的馈赠。思儿走的路线太华丽，从一个小小的大众汽车的女销售，到劳斯莱斯的市场经理，每一步后面都有不同的男人支撑。如今思儿有了自己的房子及两辆车。

L小姐与思儿是小学同学，但长时间没联系，只是在去赴外企男约会的时候，L小姐在公交站台等车时，一辆mini cooper停了下来，思儿摘掉墨镜眨了眨眼睛，L小姐就带着思儿去见了外企男。

之后就是狗血的结局了。外企男看到更美的思儿动了心，悄悄留下了思儿的微信号。而思儿本着让L小姐看清男人本质的心态，不动声色地与外企男勾搭了一阵，然后将这血淋淋的现实抛给了L小姐。

L小姐的小世界轰然而倒。"难道选择精神的我，错了吗？"L小姐看着情场上的常胜将军思儿不禁疑惑了……

很久以后，我在公交车站等车，看到一个很美的姑娘从挤成一团的公交车上下来，她的高跟鞋被挤掉了，她狼狈地蹲下身将它捡起来穿上，然后从包里掏出一张印着美丽蓝色波纹花的精品餐巾纸，擦了擦上面的灰尘。

她将包往肩上一甩，手里拿着一本未拆封的书，我看到那是毛姆的《月亮与六便士》。她也看到了我，朝我打了个招呼。

我问她准备去哪？她刚说完"回家"，忽然抬眼转了个弯："不对，还是先去果蔬市场买半个西瓜吧，犒赏一下我自己，刚刚忍了半天没有打车，坐公交车回来的！"L小姐笑了笑走了。

我知道她的世界依旧平静，她还是没放弃自己的那套价值观。

这种平淡生活，没有那么华丽，但是 L 自己的选择，是很多人一生都做不了或不敢做的选择。

我觉得 L 很美。

我想送一句话给她：希望你得偿所愿，好好生活，不要再为思考所苦，更不要为求得某种理想状态而折磨自己。若有人爱你，请他真心对你；若他真心对你，请你好好珍惜。

一个人的伟大，并不是说为社会做了多大的贡献，多么有成就，而是在面对诱惑的时候，要懂得放弃。放弃诱惑并不意味着放弃追求，是因为生命中有更加值得我们去追求的东西。

用大把时间彷徨，
用几个瞬间成长

　　人总归要从迷茫与困顿中走出自己的路，披荆斩棘也好，披星戴月也罢，终究都在走向更好的路途上。

　　年少轻狂的时光，在你懂事之前早已结束。依然是属于奋斗的日子，全力以赴，血拼到底，只为对得起心中的梦想。

　　请相信，这世间没有不可安放的梦想。

　　◎ 你不曾历经沧桑，只是活出了自己的模样。

　　◎ 任何时候，都不要拒绝成长。

　　◎ 人生没有绝对的安稳，终有一天你会奋不顾身。

一次家庭聚会，我们说起了一个亲戚的儿子，他叫木头。

木头大专毕业时就说要开一家公司，不再跟家里人要钱交房租了。可是过了一年又一年，他还在跟家里人要钱交房租。

木头的父母很有钱，但是年纪很大才生了木头。老两口老来得子，难免对木头过于宠爱。在这种环境下成长，木头从小就很懒，对父母呼来喝去的，自己什么都不做。上学的时候，每天都买麦当劳的豪华早餐，生日的时候更是大手笔，请同学们去海鲜酒楼吃饭，上了专科学院之后就要求父母给他买车。木头是家中独子，父母总是把最好的给他，他要啥就给啥。

很快，木头就开了一辆白色的奥迪A4去学校上课。

那会儿，有个女同学长得很不错，木头就去追她。那个女同学也不是什么省油的灯，见木头对她有意思，就开口闭口都是买这买那。

有次国庆节期间，女同学说要跟表姐去香港买东西，费用让木头出。木头说，他想跟她们一起去。女同学又说不行，她们两个女的逛街，木头在边上碍手碍脚的不方便。于是，木头就没去，结果那女同学就在香港刷了他五万元。

回来后，木头跟她大吵一架，女同学说给不起就不要找她谈恋爱。

木头一气之下就跟那女的分手了，可是那五万元还是就这样打水漂了。木头的父母知道后就骂了木头一顿，说他怎么可以这样轻而易举地把那么多钱给人家花了。木头不以为然，说，这些钱不过就是几个月的房租，有什么大不了的。

木头没了女朋友，就把注意力转到了收藏奢侈品上。有一次，他一口气买了好几件Burberry（博柏利，是极具英国传统风格的奢侈品牌）的衣服回来。木头的母亲见了，就说这样大手大脚地花钱可不行，这样的话以后结婚都没钱了。

木头还是没听，继续败家，直到毕业后他又找到了新女朋友。

新女朋友叫阿彩，长得高高瘦瘦的，看起来很斯文。阿彩不像前女友那样势利和虚荣，她倒是没怎么让木头花钱，木头也因此变得没那么玩世不恭了。

一天，木头把阿彩带回家见父母，父母见了都很满意，说这女孩子不错。

可惜，阿彩的家里人不太喜欢木头。他们首先数落了一堆木头不好的地方，比如：他没有工作，没有特长，不会烧饭、做家务，还直接犀利地说，像木头这样的人，迟早坐吃山空。

木头脾气不好，一句不好听的也听不得，结果就跟阿彩的母亲吵了起来。吵架的时候，阿彩的母亲不停地骂他，说他靠父母没出息，他们是绝对不会让阿彩跟他在一起的。

这一句说完，木头竟然提起拳头就朝阿彩的母亲打去，当场把阿彩的母亲打倒在地上骨折了。

就这样，两家人是绝对不可能成亲家了。

经过这件事，木头一直觉得心里憋着一口恶气，跌进了非要找个女朋友的怪圈。于是，他把所有的心思都花在了找女朋友上。

木头的父亲劝他说，还是赶紧出去找个工作。木头就像聋了一样根本不理睬，他整天对着电脑忙到半夜，打算在网上的交友社区找个女朋友。木头的父亲又劝了他好几次，说网络上更不可靠，可是木头不听。就这样，他在网上又找了一些女孩子见面约会，可谈不了几个月人家就把他甩了。

后来，木头去找父亲谈话，说他找不到女朋友，都是因为他没有像样的工作。木头的父亲本以为木头总算是想明白了，有长进了。谁想，木头让父亲出钱给他开个鞋厂，因为他听说现在卖鞋挺赚钱的。这样，他才能找到好的女孩子回来当老婆。

木头的父亲当即一惊，说这个行业他们完全不懂，投资还很大，不能做。

可木头说，他在网上谈好了代理商，说是能拿到一些国外小品牌的代工授权，只要他们能在外地投资一家加工厂，就有很大的利润。

木头的父亲任由木头怎么说都不同意，说家里没钱了。可是木头不信，还说要是真没钱了，卖掉一幢房子就行了。木头整天跟父母吵闹，父亲被气得身体也越来越差了。

木头见父母就是不肯拿钱出来，就说，现在不给他钱，可以后这些房子也总归都是他的，到时候他还是会把它们给卖掉的。

木头的父亲被他吵得天天神经衰弱，睡不好觉，母亲没办法，就劝丈夫说，这样一直闹下去也不是办法，把一套房子卖了让木头去投资建厂算了，没准能让木头的心定下来。

闹了大半年，父亲最后还是把一套房子卖了，跟他一起到外地租了个厂房。

可是木头根本就不把开厂当回事，整天吊儿郎当的，从不过问厂里的事。这可把年迈的父亲害苦了，天天在厂里忙。木头倒是清闲，出去就跟人家说他是某某厂的老板，到处找人给他介绍女朋友。

这样的日子大概过了两年，木头的父亲因为体力不支累倒了，鞋厂就此乱作一团，一些订单没法按时交付，被客户投诉，结果赔了一大笔钱。

木头的父亲找到木头，说他不能再照顾这个鞋厂了，决定把鞋厂转让掉，至少不会再亏空下去。

这两年，木头其实也在外面吃了不少亏，被不少女人给骗了。其中有一个还是有夫之妇，木头挺喜欢的，还以为她没结过婚。谁想，那个女的是为了要钱出国，才主动跟木头在一起。等木头明白过来的时候，那个女的早就已经远走高飞了。

木头在自己的世界转了那么久，终于开始注意已然花白了头的父亲。

父亲本以为木头还会继续胡闹，谁想木头竟说："爸，你赶紧把鞋厂关了吧，都是我不好。"

这一句，倒是让木头的父亲愣住了。

很奇怪，有些人就是一夜之间长大的。

鞋厂关了后，木头终于开始设想自己的未来了，他决定重新回学校读书。木头的父母知道了，露出了喜悦的笑容。

有些孩子不是因为太坏，而是因为太天真。就像木头这样的，其实本质并不坏，只不过他在富足的生活中不会明白穷人的贫苦和辛酸。况且，在木头眼里，家里的钱一直都来得很容易，父母不用上班，每个月收收房租，就能过得不错。所以，他对辛苦根本没有概念，对钱的来之不易也感觉不到。所以，当女孩子问他要钱的时候，他丝毫没有戒备和不情愿，相反的，他可能还觉得不就花几个钱吗，有什么大不了的。

木头的世界其实很简单，他从来没有想过什么心计，他只是想去跟人交往，却又不知道该用什么方式去交流。当别人提出要买什么、要干什么的时候，他除了答应还是答应。他想得很单纯，以为这样就可以交到好朋友。

直到他忽然发现，这个世界和他想象的完全不同之后，他开始醒悟了。他的慷慨在那些人眼中是愚蠢，他的付出在那些人眼中是幼稚。他认识到自己的浅薄后，终于开始用心去学，重新去看待周遭了。

后来，我听那个亲戚说，木头很用心地读完了本科，虽然又多花了两年时间，但是能从混沌中走出来就是值得的。木头的父亲很高兴，终于看到自己的儿子走上了正轨。

这两年，木头成熟了不少，他出去找工作也不会眼高手低。他知道自己没工作经验，他不求高工资，只求用人单位能录用他，给他一个就业的平台就好了。

听说，木头进了一家大卖场的管理部做网络维护，每天都很认真努力地工作。进去了一年后，有一个做文员的姑娘看上了木头，她每天冲茶水的时候总会给木头倒一杯热茶。

木头很感动，也知道父母一直期盼着他能早点成家。所以，他就接受了那个姑娘，也终于明白一个人的真心比什么都重要。

我想，过不了多久木头可能就会结婚了……

其实一个人想要追求什么并不困难，只要让自己变得可靠，值得信赖，那么一切就会如微风一样轻抚在你的脸庞……

总有一天，
你会感谢现在拼命的自己

有的人说，谈梦想太俗气、太无趣。我不知道，这样的人是不是因为梦碎而心有惧意，或者他根本就没有梦想。

这世上最有意思的事，不就是每天都可以为梦想而拼搏吗？连马云都说，梦想还是要有的，万一哪天实现了呢？

所以啊，当你对梦想不屑一谈时，也许正是你迷茫堕落的时刻。

◎ 你要坚信，每天叫醒你的不是闹钟，而是心中的梦想。

◎ 一点点不引人注目的努力，一点点不轻易放弃的坚持，都将会是你交换明天的筹码。

◎ 成功并不是成功者的专利，今天的你，不过是少了一点点机会加上毫不动摇的努力。

据说每个怀抱着非同一般梦想的年轻人，都曾经在追梦的路上被狠狠嘲笑。

这嘲笑就算没有发出声来，也时常在别人的眼神与嘴角好笑的上扬中显露无遗。

——"痴人说梦"。

他们的心里大多都在想这四个字。

某天看书的时候，我无意中看到了"痴人说梦"这个成语的最早出处，来自于宋代惠洪的《冷斋夜话》：

"僧伽，龙朔中，游江淮间，其迹甚异。有问之曰：'汝何姓？'答曰：'姓何。'又问之曰：'何国人？'答曰：'何国人。'唐李邕作碑，不晓其言，乃书传曰：'大师姓何，何国人。'此正所谓对痴人说梦耳。"

看到这篇短文，我心里竟突然觉得有些伤感。

原来在作者最初的记录中，这位"痴人"并非是说梦者，而是相信了"梦语"般荒谬之事的人。

虽然在这个故事里，作者认为这位"痴人"真是极傻，但在我看来，却也带着一种愚诚的可爱。

这样一想，那些在生活中曾被人嘲笑为"痴人说梦"的人，似乎也显得更加可爱起来了。别人认为很复杂而懒得去做的事，他们偏要做得像样给自己看看；别人认为根本是个笑话的梦，他们却因为觉得很美就想要实现它。

当嘲笑过他异想天开的人们都已经快要忘记这回事的时候，有些幸运而可爱的"痴人"，却已经种下了梦的种子，结出了奇迹的果实。

在我的大学同学中，就有这样一个可爱的"痴人"。

大一刚入学不久，班里的新生活动需要男女两名主持人。由于我中学时有过主持经历，女生的人选便敲定了我，男生则由我们幽默的班长担任。

开场前，一个白净瘦弱的男生气喘吁吁地跑过来："班长昨天晚上吃坏肚子了，叫我替他上场。"

由于新同学之间大多还没多少接触，我一时并未想起眼前男生的名字，不由得有些错愕。

他似乎是看懂了我惊讶的眼神，有些不好意思地自我介绍道："我是于磊，和班长一个宿舍的。"

走上台后，于磊竟然紧张得说不出话来。我暗暗提醒了几次，他依然默不作声。

我悄悄侧头看他——只见他面色发白，满头大汗，嘴巴哆哆嗦嗦，着实把我吓了一跳。

下场后，他垂着手愧疚道："对不起……我实在是太紧张了……

一上台就头晕……"

那时候的于磊，在同学们眼中就是一副白净瘦弱、清秀书生的模样。

熟悉之后，大家都叫他"小于"。

某次班委闲聊时，女生们一致认为："小于真是一副无公害、好随和的样子，看起来脾气好好！"

只有与他一个宿舍的班长笑着说："小于可不光是脾气好这么简单。他的志向，可比咱们任何人都要大多啦。"

大二时，大部分同学还在忙着凑学分、谈恋爱，有些懂事早的便开始找一些兼职，减轻家里的经济负担。

而看似平凡的小于，却开始展露了班长口中的"大志向"。

大二上半年，他便开始筹划成立自己的网络工作室。

小于家境条件中等偏下，个人资质也算不上天才，所以刚开始知道他的这个念头时，我们都只当他是一时脑热。

毕竟，对于大多刚满十八岁的大学生来说，这个目标多少显得有些遥远。

可对于小于来说，遥远从来不意味着不可能，只代表你必须多一点点努力。

当其他人还逃课窝在宿舍看"泡沫剧"的时候，小于便开始顶着烈日到处奔波。

进行市场调研，研究法人企业和个体户的区别，了解工商局的程序、政策，准备各大重要联系人的联络单……

在大二并不轻松的课业之外，小于竟然凭借着一己之力将这些繁琐的准备工作一一顺利完成。

当他开心地告诉大家已经要开始着手挑选办公场地的时候，我们都多多少少对他"做得如此像样"感到震惊。

可这其中还是有为数不少的同学，在口中说着"真厉害！继续加油"的时候，心里想的却是"哪有这么容易就能办到，接下来肯定还要吃大苦头"。

确实，后来的小于又吃了很多很多苦头。

工作室注册之前，有一项审批要去"相关部门"盖章，却苦于"相关人员"没在单位，白跑了许多趟。

不知奔波了几回，他才终于换来一枚大红的印章。

大三将工作室注册完毕之后，小于同我们笑着提起这件事：

"跑去那第六次还没人的时候，我真的崩溃了……但是正式拿到执照之后，我欣喜若狂，真觉得当初要我再跑个二十趟都心甘情愿。"

我们挤在他那间在学校附近租用的狭小民房里，由衷地恭喜着他踏出了梦想的第一步。

"大老板，以后就跟你混了。"男生们勾肩搭背地揽着小于的肩膀耍嘴皮。

眉开眼笑的小于老板则说："其实前面这些，比起后来的功夫，根本就不值一提。辛苦还在后头呢。"

我们都说他太谦虚，心里却也知道他说得没错。

每天注册起来的小公司、工作室多得数不清，最后能够站住脚的又有多少个？

正如小于说的，真正的辛苦，也许这才开始。

刚刚成立工作室之时，小于根本接不到几个活，眼看着学校附近还有另一家已经站稳脚跟的工作室牢牢压在自己身上，他心里的焦虑可想而知。

那段时间，宿舍门口、食堂的柱子上都贴满了小于工作室的宣传广告。

他一开始的定位就是抓住学校内部市场，所以他逐个找到了学校里所有院系的负责人，不厌其烦地为其讲解自己工作室承接的业务。

由于毕竟是本校学生，大多数人的态度还是比较温和的，但也有少数人反应冷淡，甚至对他这种行为嗤之以鼻。

"我最瞧不起的就是你们这种学生。还没毕业，就想来赚学校的钱。"某系负责老师恶狠狠地将他拒之门外。

就在这样艰难的努力中，小于始终没有放弃，而是将所有需要待办的事项一一列出，逐个完成。

很快，工作室就开始有了收入。虽然起初这收入十分微薄，甚至完全无法支付租用房屋的钱，但他还是咬牙坚持了下来。

大四那一年，我同闺密曾经在食堂见过小于。

我们吃完的时候，他刚刚打好饭，端着托盘找座位。

打过招呼后，我与闺密走出食堂，不约而同第一句话就是强烈地感叹："你看到没有？他一个菜都没有打，竟然只要了四两米饭！"

大四毕业时，小于的工作室似乎开始有了一点盈利，但从他终日疲惫的样子便看得出，这自己当老板的辛苦当真并非人人都能够承受。

毕业晚会上，小于作为班里的"创业家"被大家哄上台讲话。

他带着笑容，谦虚地跟我们分享了创业过程中的得与失。

看后面的节目时，坐在一边的小学妹偷偷跟我"咬耳朵"："学姐，刚刚上台讲话那个学长看起来好沧桑啊，真不敢相信他和你们都一样大。"

我有些惊讶——要知道，入学时的小于曾是个那样白净"无公害"的呆萌小青年。

我不由得向隔了几个位子的小于看去。

由于过度的疲惫，他用手肘撑在椅子扶手上，已经不自觉地打起了瞌睡。

深深的眼袋，暗淡的皮肤，包括那双粗糙的手——

我仿佛突然意识到了这四年来他那常人难以想象的付出。

为了心中那个"遥远"的目标，认真的小于一直拼命地在努力。

毕业两年后，在临时搭建的讲台上，一位西装革履的年轻男子正进行着一场激情四射的演讲。

"刚开始筹备工作室的时候，班里同学都觉得我疯了。当然这也不能怪他们，毕竟我们才大二，大伙还忙着沉浸在初恋结束的青春疼痛中呢。至于我？我大学四年都没迎来自己的初恋，哈哈。这倒是给我节省了不少时间。"

听众席里传来友好的笑声与掌声，几名大胆的女生更是挥舞着胳膊大喊："小于学长！求交往！求带走！"

我在台下同闺密对视一眼，二人脸上均是一副"彻底服了"的表情。

台上那位引来小学妹们无数尖叫的，就是我们的大学同学——小于。

他的主要事迹，说来倒也并不复杂：

一个出身平凡也算不上多么天才的普通男生，在大二开始筹备创办自己的网络工作室，于大三创办成功，自己做老板一直至今。

至于工作室的生意怎么样嘛……从学妹们将他列为"最想嫁的钻石王老五学长"之首来推断，大概还是比较令人满意的。

而在我看来，如今他最让我们这帮老同学羡慕的，金钱上的富裕倒还是其次，最幸福的，莫过于在我们都开始面临自己生活、职业上的挫败动摇期时，他早早就已经在正确而坚定的道路上胸有成竹，稳步前进。

台上的小于依旧侃侃而谈，满面春风。

我又想起大一那场新生活动，他在台上紧张得满头大汗，一句话都说不出的窘迫模样。

从十七岁那个在台上发抖的小于，到眼前这个潇洒而自信的青年才俊，一个男生的成功蜕变，究竟要经历多少的磨练？

我曾经看过一幅油画，画面的顶端有一朵美到令人惊叹的花。

而画面的右下角，则有一只很小很小的蜗牛，顺着长长的藤蔓正在一点一点往上爬。

一起看画展的女孩子说："蜗牛为什么要去找那朵花呀！它爬得那样慢。等它爬到，应该什么花都凋谢了吧。"

可是，在漫长的未来与无尽头的世界之中，我们有时就是那么渺小——如同一只微不足道的蜗牛。

通往梦想的前路太长，长到似乎穷尽一生都无法完成。

实现自己梦想的机会太小，小到一不小心就失去了生命的方向。

可是，并非因为有了失败的可能，我们就要拒绝努力的机会。

岁月荏苒，光阴如歌，没有梦想的青春总会显得仓皇。

前路漫漫，荆棘重重，只有不息的信念才是最亮的灯火。

我愿意相信，即使路途再遥远，努力的蜗牛最终也会找到它的那朵花。

祝你好运，有梦的年轻人。

PART
FIVE

在这多彩世界，
谁会拒绝一个有趣的人

上帝说
他不能把世界让给懒汉

有人说，我过惯了懒散的生活，只要能维持生计，宅一点又何妨？

可是，在应该奋斗的年纪，你干吗要让自己暮气沉沉呢？世界那么大，你不想去看看吗？

生活的无聊，大多起因于懒散，如果你想活得更有趣，就勤快一点吧。

◎ 适度社交，朋友圈不是发几条状态、点几个赞就能维系的，多出去聚一聚，更能提高你与别人之间的亲密度。

◎ 别让自己精力过剩，根据自己的兴趣制订一些有意义的日常活动计划。

◎ 让今天的自己比昨天更好一些，及时充电、学习。

我有一个朋友S小姐，经常能见到大佬名流，过着不接地气的生活。她频频参加高端晚宴，出席各种高端峰会。在那些场合里，她穿着质地不错的礼服，手拿香槟，谈笑间尽显优雅自信。

然而在平常，她不过是个挤着地铁、吃着快餐，整天被会议及琐事包围的小白领而已。

这种上至天堂享受有钱人的待遇，下至地狱整日被租金困扰的日子，几乎把她折磨成了人格分裂患者。

无奈，她的工作必须如此。她是大公司的总裁秘书，这个工作就像是时尚杂志社的女编辑，拿着三四千的工资，写着月入三四万的人的生活。

她很崩溃，她发现自己已经27岁了，这样的年龄在一线城市中，不算过大。但因为工作调动，她现在变得清闲了，由年龄引发的对未知的恐惧，因为工作的清闲而如影相随。

她回顾过去，手机里存着上千个老总、专家的电话，但这些没有任何意义。抛却总裁秘书这个身份，她不过是一个小虾米，成功的不是她，而是她身边的老板，她只不过是个传话者。

因为每天工作十几个小时，经常出差，她好久没有谈恋爱了。她总是在有限的时间里去父母安排的地方相亲，对方的谈吐和成熟度自然不能与她每日接触的成功人士相比。久而久之，她就耽搁到现在了。

"我只不过多开了些眼界而已。我不过是个平凡人，生活水平没有达到开眼界的程度，还不如不让我看到，现在这个样子，很痛苦啊！"

我问她接下来有什么想法？她郁闷地说："我也不知道，每天过得浑浑噩噩的，看韩剧、吃大餐，似乎将所有生活都寄托在美食上了。"

我看着她那因长了赘肉而略微鼓起的肚子，说不出什么话来——她过去从不会这么放纵自己，她曾是个对体重多么在意的女人！

也许一个人最迷茫的时候，就会无所事事或不知所措。从心理学上讲，迷茫就是浑身的精力不知用在什么地方，这会产生茫然感、不适感。为什么年轻人特别容易迷茫？因为精力过剩。

她现在所在的部门是公司的边缘部门，我不知道究竟发生了什么让她忽然被调下来，但她肯定地说，她对她的工作问心无愧。我也知道她是个热爱工作的人，只是干的是领导安排的活，这让她多少缺失了一些主观思考。她执行力强，可是独立的思想不多。

很多人都遇到过这样的瓶颈，在二十几岁的时候，忽然遇到一些不可抗拒的因素，停滞了下来，回头望望，似乎什么也没得到。没有房，没有车，没有事业，没有爱情，没有生活，任何一项，都会让人陷入不安与恐惧之中。

在我们周围，似乎三十岁之前还没闯荡出来什么，就被定性为失败者。而女孩们在二十多岁时，不仅要搞定事业的小基础，还要搞定婚姻，否则即使活得再潇洒，也会被认为是逞强的剩女。

我以为她会逐渐走向这样的道路，谁料三年过后，她成为某港资商业购物中心的招商总经理。

再看见她时，她既不是当总裁秘书那一阵时的过瘦，也不是调到别的部门时的略胖，她变得很健康、很匀称，有种美剧大妞的那种阳光和适度。

我讶异于她的神采奕奕。此时她已经不是单纯的小小花瓶，而是谈吐得体，俨然是位有思想、有内容的优雅丽人。

时间真是一个光影魔术手，它的雕刻让人总是带有无限感慨。

"我曾尝试与不喜欢的人约会，但他们真的不是我喜欢的类型，我无法想象与对方结婚是一个什么样的场景。我认为去星巴克喝咖啡很正常，但他或许会认为我在花不该花的钱；我认为去看莫奈的巡回画展比跑大老远去吃一顿麻辣烫好太多，但他或许会认为我不懂生活。最后我明白，我不能将就我自己，不管我现在年龄有多大。如果我不喜欢我的工作，那么我要么离开，要么闭嘴。

"我选择了隐忍，用空余的时间重新学习。最后我花了一年考到了香港，去学商业运营。在学习的两年间，我去各类品牌店打工赚学费。

"那段日子苦吗？是有点。尤其我已经29岁了，但那又如何呢？这里没人认识我，我就是个小虾米。后来研究生毕业，因为我熟悉各类品牌，又因为以前工作对本市各方资源都比较了解，于是我被香港的公司聘请回这里。"

"哦，那你的个人问题呢？"

"看到那个小男生了吗？他在追我，比我小五岁，他是我在香港打工时认识的。他是我的超级大粉丝。"

我们没法评判一个人的选择，但努力会让你看起来不那么迷茫与空虚。她就这样走出了自己的道路，找到了自己的独特，而我也因她想到了许许多多因为生活、年龄、爱情等拼杀出一条血路的女人。主持人李静曾在30岁的时候创办公司，一个女人去创业本身就很艰辛，但她坚持了下来。你是大龄剩女又怎样呢？生活总要朝前看。努力不一定会立刻有好的结果，但一定会朝着一个好的方向发展。

如果此时的你正在迷茫或不知所措，希望这个故事能让你有一些力量，上帝他老人家可不想把世界让给懒汉哦！

人生处在低谷时的好处是，无论你怎样努力，都叫积极向上。你要坚信每天叫醒你的不是闹钟，而是心中的梦想。新的一天，你应该努力去超越的人，不是别人，而是昨天的自己。

女生有文化
到底有多重要

  一个有文化的女生，她认识的世界一定是趣味盎然的，而不是步步惊心的。

  女生有文化，就有能力做独立自信的自己，而不是靠青春和美貌去征服男人。

  女生有文化，可以有更多选择权，人生会变得丰富多彩。

  ◎ 每个人都应该有文化，而不能只针对女生，强调女生要有文化，是对女生的歧视。

  ◎ 在这个浮华的世界，一部分女生拉低了女性群体的下限，这很悲哀。男生亦然。

  ◎ 我们学习文化的目的之一，是为了不再评断别人有没有文化。

女生有文化太重要了。就拿找男朋友这件事来说吧，如果你年轻时喜欢上一个少年，用美颜相机、碎花裙子和歪歪斜斜的明信片就能把他迷哭。他会信誓旦旦地说要和你浪迹天涯，去寻找童话里的美丽城堡。那时候他还不懂什么是感情，但心里已为"我爱你"三个字设计了几万句台词。那个时候，文化是不重要的，他爱的是想象中的女人，你闯进他的世界，他就当你是唯一。

很多年以后，胡子拉碴的小伙可能遇上比美颜相机、碎花裙子杀伤力更大的天使脸蛋大长腿、满嘴英文红酒杯。可是当他发现，那个女孩居然不知道李清照是男是女，不知道意大利的首都是希腊还是罗马，以为王安石是王诗龄的爷爷而把他当作最爱的大叔。那时候他说的爱她，一定只是暂时被她的美貌迷住而已，没有别的原因。

小伙子并不一定是强迫症、木头脑袋或装高冷，他可能就是觉得，面对这样的大脑，实在无法调动出自己爱她的动力。

许多粗俗的男人喜欢讲：女人有文化有什么用，文化能当饭吃吗？这是典型的物化女性的思维。如果你有文化，就可以很明显地区分出对方对你的热情追求，是出于难以自抑的真实情感，还是靠两千块的砂锅粥遮掩的单纯欲望。如果你知道关于美食和砂锅粥的一切，当你了解了历史中无数让人尊敬和迷恋的女性是怎么对待砂锅粥这类的事物之后，你就不会再给别人像谈一碗变质的砂锅粥一样谈论你的机会了。

我理解的文化不仅仅是知识。天文地理、医卜星相……总有许多知识让任何人都觉得陌生，不必强求。我理解的文化，是由阅历、眼界、常识和思维方式构成的精神气质，在这个过程中，阅读和知识量是基础，你好歹要看过一些书，努力理解过几部电影，如果你是理工科，起码要对你的领域有自己的理解，星空和培养皿，都有它的浪漫之处，都凝结着人类历史深情和浩大的一面。

人都是赤裸而生，构成人精神面貌的东西不会凭空而来。幸福的家庭、爱和经历塑造了一个人的气质和表情，而对大部分人来说，阅读和旅行同样起到了重要的作用。古人说"读万卷书，行万里路"，对于今天的人们来说，除了阅读、旅行之外，可能还会换好几种工作，在咖啡馆遇见许多牛人，从电脑和手机里见到过无数别人的生活。相对于古人来说，我们生活的世界更加丰富，也更加嘈杂，你若是一张白纸，没有自己的精神框架，到头来很可能只认识和你同等层次甚至是比你层次还低的人。

我们读到童话故事，里面有许多没文化的牧羊女和灰姑娘也让王子心醉，总以为她们是靠美貌征服了世界。可我们往往忽略了一点，创造出这些角色的作者，都是有文化的人。她们浑身散发着主角的光环，明白事理，淳朴而聪明，比其他美丽的姐妹更能赢得观众的同情和喜爱，甚至她们的美貌也是作者出于偏爱而赋予的。你活在真实的世界里，如果不想整容的话，容貌基本已经定型，但还是会有很多朋友甚至命中注定的白马王子，因为你真的可爱而爱你一生。

人类之间的感情，建立在沟通与交流的基础上。无论是身体上的拥抱、亲吻、性爱，还是精神上的谈论、表白、呢喃，都是感情基石的一部分。长久的爱情需要长久地交流，长久地交流需要不断地深入。从沙发到床是一个跨越，从回锅肉的 36 种做法到磁极变化对大姨妈的影响，也是一个跨越。

无论如何，爱情走到最后，不可避免地要谈到哲学。病榻之上，你们皱纹密布的老脸面面相觑，他问你一个充满哲学终极奥义的问题：人为什么会死呢？你能读懂这是一种挽留，于是泪流满面地说出另一句哲学奥义：我们是人，我们爱过，如果还能再活一次，我想和你一起尝试开挖掘机的滋味。

生活中的我们常笑骂别人没文化，大部分都是笑谈了。我不会因为你不懂文字学、挖掘机修理、外国文学、转基因技术、古诗词而鄙视你，但你哪怕懂其中的一样，都会让我感到惊喜。同样，我也从来没有看不起那些淳朴善良却没有接受过很好教育的人，但是如果做朋友，相信他们会有更谈得来的选择。物以类聚，酒逢知己千杯少。你是什么样的人，就会遇到什么样的世界，妥妥的。

喜欢你
和别人不一样

　　有趣的人，往往敢和别人不一样，那不叫怪异，也不叫另类，那只是在勇气的加冕下接受了自己最真实的样子。

　　大部分时候，你慢慢地被无聊的生活和工作消磨成同别人千篇一律的样子，却又忍不住会去怀念那个心怀梦想、满身热血的自己。何不从现在起，来一场"逆袭"？

　　◎ 找几件以往想做但不敢做的事，大胆去尝试。

　　◎ 问身边的人，你在他们眼中是什么样子的，如果与你预想的有出入，告诉他们，别再误解你。

　　◎ 人生没有标准模板，对于你心目中的偶像和明星，你只需努力去拥有他们的实力，而不是活成他们的样子。

你有没有想过，你所看到的这个世界，或许和其他任何人眼中的样子都并不相同。

即使我们永远无法通过另一具身躯辨色视物，我们依然会在成长的过程中渐渐明白人与人之间的差别：贫穷与富有，善良与邪恶，蠢笨与聪颖，高尚与卑鄙……

这世界上形形色色的人是如此多样，如此复杂，又如此有趣，如此神奇。

更神奇的是——这般迥然各异的我们，却往往要在整个生命历程中努力摆脱离群的孤单与寂寞。

有人分明迟钝如顽石，却惧怕机敏如脱兔的人们对他心生嫌恶；有人分明脆弱如蛛丝，却担心胸怀开阔的人们笑他卑微怯懦。

可若要我说，在这数之不尽、各不相同却又惧怕寂寞的人类之中，哪些人是孤独到令人生怜的？我的答案无需任何的犹疑——

那些最能够敏锐地感受到全人类与大自然脉搏的人，以及那些最能够英明地预测到未来曙光的人。

那些可以在常人眼中的寻常物事上，目睹异乎寻常璀璨光芒的人。

那些看得到别人看不到之处的人。

是他们，将常人眼中流失的景致描绘出生动的鲜香，将常人心尖一闪而过的情调抒写作永恒的绝唱。

他们的胸腔里怀抱着澎湃的热望，却终究难以在生命的旅途上，找到一个同他一起赞叹的声音。

所以每个人，都会感受到逼近孤独的恐惧。

在我遥远而深刻的童年记忆中，我曾经因为"非同一般地容易哭"而深深感到自卑。

关于这件事所能追溯到的最早缘由，来源于小学二年级。

同院子里的小伙伴们一起上学的路上，在清晨飘着落叶的马路边，我们看到了一只死去的鸟。

它以一种极度可悲的姿势松散地躺在路边，在这样明媚的天气里，显得突兀而有些荒唐。

那满身的羽毛原本也许是灿烂的，却已经被污水冲得晦暗。

在大家觉得"害怕""恶心""没感觉"等种种"正常"的反应之外，不知为何，唯有我突然难过得抑制不住，眼泪夺眶而出——甚至无论被小伙伴们如何嘲笑都无法停止，就这样一直抽抽搭搭地哭到学校。

因为实在太爱哭鼻子，我时常会被笑话。有时在课堂上念课文，念着念着就会鼻子通红，下一句就变成了哽咽的吞音。

甚至我能够明确地感觉到，这些眼泪根本不经由我的思维控制——事实上，等到它们已经欢快地从我的面颊滑落下来的时候，我时常还没有意识到我究竟是为何流出了眼泪。

有些调皮的男生，会故意把拍死的蚊虫放在我桌子上，问我："怎么不哭呀？是不是马上就要哭出来啦？"

我又羞又恼，在一次次不由自主的泪盈于睫中，不断迷惑着自己究竟是怎么了。

那时候的我，实在是不明白自己为何有这么多无意义的多愁善感。

也许我越想要压抑一件事，便越克制不住它猝然的爆发。

某天下午，大家都好好地上着课，突然发现窗外不知何时下起了雨，我竟然就莫名其妙地伤感起来，一不小心鼻子就发红了。

我哭泣的原因，不是因为忘记带伞了，也不是因为穿的衣服少怕冷，更不是因为我讨厌雨天。

我哭泣的原因就像我几乎所有不自觉流泪的原因一样——

在很短很短的时间里，我就会敏锐地被很多看似微小的事轻易激发出温柔的感动。

而我的眼泪很快就被邻桌的男生看到了，他"关切"地问我："你怎么了？"

掩饰已经来不及，我只有老老实实地说："看见下雨了，不知道为什么有点难受。"

接下来，那个时常喜欢捉弄人的男孩便被笑憋红了脸。

继而"×××因为下雨就哭了"这件事便很快传播开来，直到我清晰地听见前排同学压低声音说："什么？！ ×××一到下雨就哭破嗓子？！"

如今再来想这些"捉弄"或者"流言"，我当然也不会觉得多么尖锐，反而带着些童趣。毕竟对于小孩子来说，一切新奇的事都会引起他们的瞩目——我相信这也并没有带着丝毫的恶意。

只是对于那时年幼的、本就由于无法控制自己敏感的情绪和发达的泪腺而屡屡不知所措的我来说，依然感到了难以承受的尴尬与无地自容。

当别人带着笑的议论像蚂蚁一般侵入我的耳朵的时候，我终于在那个课间无法忍受这样的折磨，默默地走出了教室，走下了楼层，甚至离开了教学楼。

我来到楼背后一处小花坛边上，在"哗啦啦"的雨中肆意地释放着自己的眼泪。

直到上课铃声响起，我还是觉得自己的这场哭泣没有结束——原来一双眼睛里，竟会存着这么多温暖的泪水。

当哭泣终于慢慢停歇的时候，我感到胸腔内填满了空气中的淡淡清新。那感觉如同乘坐着一只热气球，渐渐脱离了一切的沉重，向往着轻松的天空。

后来的日子里，我还是会经常不小心哭泣，经常在一幅简简单单的景致面前感受到一种血液中兴奋的澎湃。

这些，也许终究都是别人不会去在意的事情。

但正是这些别人看不到的事，让我慢慢地爱上了自己眼中这个精致而玲珑的世界。

当渐渐开始有人告诉我"很喜欢你写的东西""我也想要去看你说的那场雨""看完这样的文字好像觉得世界美多了"的时候，我心里面逐渐充满了巨大的欢喜与自豪。

正是由于可以看到那些别人看不到的事情，我才可以发现那些更加细致的美丽，才可以拥有一支一天天愈发漂亮的笔。

我最钟爱的作家之一，就是极富才华而命运多舛的奥斯卡·王尔德。

我时常喜欢在下雨的窗子边，一遍遍读他的作品，尤其是那些精致而忧伤的童话。

比起被刻在伦敦王尔德雕塑上而广为人知的那句"我们都在阴沟里，但总有人仰望星空"，我更喜欢他在《少年国王》里说的一段话：

"少年把这些探访称为探险之旅。对他来说，在这块神奇的土地上，他确实是在进行真正的旅行。有时会有几个金发的宫廷侍从跟着他，他们身材瘦长，身上的斗篷迎风招展，色彩明亮的缎带舞动不止。但是大部分时间，他都是一个人出去，因为某种一闪而逝的直觉告诉他（这直觉简直就像是预言）——艺术的秘密最好是暗自求得；而'美'，就像智慧一样，喜欢孤独的崇拜者。"

我曾经多么恐惧孤独，恐惧自己"古怪"的行为脱离了常人的认知而引人发笑，恐惧自己"诡异"的思维叛离了所谓正确的方向而驶入歧途。

可是假如现在，我就是那位拥有珍珠权杖、红宝石王冠、金线长袍的少年国王——我想我也会坚定地拒绝那些侍从的陪伴，选择独自完成对这个世界的探访。

请珍惜你身上那份神奇的、与众不同的能力。哪怕它现在看起来多么的奇怪，多么的无用，多么的莫名其妙甚至离经叛道。

请你用力地、勇敢地珍爱它——

因为终有一天，它会成为令你喜欢上自己最坚实的理由。

世界这么大，
总会有人欣赏你

　　如果你是一个女人，请你多享受年轻的日子，不要反对自己，不要怨恨自己。不管什么时候，走到哪儿，有没有人爱你，你都要记得爱自己。

　　如水的流年里，累了就停下来歇歇，难过了就蹲下来抱抱自己，冷了就给自己一点温暖，孤独了就为自己寻一片晴空。

　　◎ 为自己精心准备一份早餐，打扮得光鲜亮丽再去上班。

　　◎ 有空的话练练瑜伽，保持体形。

　　◎ 在所有人离你而去的时候，依然坚强地活下去。

　　我认识的同龄人当中，有一个有趣的姑娘。

　　她身高 167 厘米，体重不过百，常年保持健身习惯，身材修长。她喜欢夸张的唇色和复古的造型，常常外拍，喜欢在社交网络上上传自己唱歌跳舞的照片，形象气质俱佳，被很多人称作女神。

　　在她的每一张演出照或者外拍照的下面，总是有很多粉丝和崇拜者给她留言，向她请教如何保持肌肤的白嫩和身材的健美。她有时会回复，答案也很简单：保持运动。

　　很多人留下了"羡慕嫉妒恨"的情绪，膜拜她的人也不在少数。但她总是很淡定，默默地做着自己喜欢的事，既能在舞台上高歌艳舞，在镜头前摆一些高贵活泼的姿势，又能静静地在家里做做女红，烤烤西点。

　　很多人不理解她，认为 Hold（把握、控制）不住她，她却也不苦恼。

　　"世界这么大，总会有人欣赏我。"她这样告诉我。

　　即使她在所有人的眼里都是女神，但在我眼里，她只是邻家的一个小姐姐。

　　我认识她的时候，她的身份是我哥哥的前女友。那个时候的她，低落、悲伤，像一只无助的小猫，窝在角落里独自疗养着情伤。

　　她是一个很简单的女孩，爱上一个人就掏心掏肺地对他好，但是感情总是不顺。她就对自己狠，跑步、健身、跆拳道……一次次的厮打和一滴滴的汗水练就了她强健的身体，也锻炼了她的心。

我看着她一点点地变瘦、变美。身材越来越好的她，开始穿着性感高贵的礼服，将自己展示在聚光灯下。舞台上的她、照片里的她，一颦一笑，尽显自信和魅力。我很高兴她变得那么好，她值得别人对她夸赞。

她很努力。

人们只看到她在舞台上涂着烈焰红唇，扭动腰肢，却没有看到舞台下的她，每天挥汗如雨地健身，那都是实打实的辛苦。她的外表一天比一天更有女人味，但是内心却渐渐地如男人一样坚强、独立。

闲暇的时候，她也严格自律：不熬夜，不泡吧，从来不把自己的美貌当作换取物质的筹码。她喜欢绣绣花、练练字、烤烤饼干、看看电影，算得上一个"宅女"。

我不会嫉妒她，因为只有像她这么努力的女人，才值得拥有这样的好相貌和好身材，才值得在华美的聚光灯下展现自己的风采，让所有人赞扬她的美丽。

有些女人，你看到她们的时候，她们总是很美丽，很动人。她们身材曼妙，脸蛋精致，举止大方得体，品位高雅。她们获得的一切好像都是天生的，让人羡慕、嫉妒老天给了她们所有的好东西。

　　若是说这些女人有什么相似之处，就是光鲜亮丽的她们从来不会让你看到她们辛苦狼狈的一面，或者说，作为观众的我们，自动忽略了她们成为女神的过程中付出的汗水和努力。

　　有一次，我飞去日本，在商务舱里遇到了一个内地时尚杂志的编辑。

　　她的皮肤护理得极好，眼角也鲜有细纹，就连最容易被人忽略的耳后皮肤也白皙光滑。单看皮肤状况，她和二十岁出头的女人无异。

　　但是她淡定的眼神、处变不惊的态度让我觉得她应该已经三十多岁了。果然，拿过名片一看，她已经是时尚杂志的主编级人物了，这次是来日本采风兼休假的。

　　我仔细打量了一下她的穿着。她穿的衣服，说实话，很简单，和我想象中的时尚女魔头的造型一点都不同，并没有非常吸引眼球，反而让人觉得舒服而且容易接近。

　　我委婉地表达了这个意思。

　　她问："你是不是以为所有的时尚编辑都要打扮得和电影《穿普拉达的女王》里的女王一样？"

　　我不好意思地点了点头。

　　她说："其实很多人都是这么想的，但是你想知道真正的时尚是什么吗？"

我很好奇，请她讲给我听。

"其实，一个人最大的时尚就是你自己的气质。

"所有的衣衫、化妆品，只能给你的气质加分。本身的气质好，不需要多少打扮，就能够让你大方得体；但是若人格猥琐，纵使穿着再高贵的品牌都会像是假货，涂抹再贵重的化妆品都会有风尘气。

"在过去的欧洲，贵族为了和下层人民区分开来，会故意将自己使用的语言进行一些改造。维多利亚说着一口高贵的伦敦音，就是一种通过语言的改造将上层社会独立区分出来的方法。广大民众都喜欢模仿贵族的打扮，其实并不是贵族的打扮有多么时尚，他们只是希望模仿贵族那种高高在上的气质。

"但是广大民众终究不是贵族，就算勉强模仿，也会学得四不像。所以暴发户一直是被贵族所不齿的一群人，他们虽然有一点钱，但是气质粗鄙。真正的贵族气质，是文化环境和习惯所熏陶出来的，是无法依靠外在的模仿而获得的。

"所以，很多经典的美人，比如玛丽莲·梦露、奥黛丽·赫本，或是中国的林青霞、王祖贤，人们只看到她们的经典造型，学梦露扬裙角，学赫本穿香奈儿小礼服，或是学林青霞画英气的粗眉，但是这些模仿者都没有发现，这种外在的表象只是这些美人儿内在气质的体现罢了。

　　"要成为性感女神，就连一个普通的微笑，梦露都需要对着镜子进行无数次的练习，才能够让自己的笑容无论从哪一个角度来看，都是完美诱人的。内在没有这种浑然天成的性感，就算下水道的蒸汽把裙子掀得再高，都不过是一个在人前哗众取宠的小丑罢了。

　　"人们永远不会在意你付出了多少的努力，他们只会看到你人前的光辉，觉得你获得的一切成就都是从天而降的。

　　"我刚开始做编辑的时候，也是一个什么都不懂的小姑娘。当时觉得时尚界很好玩，又有很多好看的衣服穿，很能够满足自己的虚荣心。但是，真正把时尚当作工作之后，才发现一切都不止那么简单。漂亮光鲜的时尚大片不会从天而降。从最开始的确定选题，到找服装、找模特、确定场地、拍摄、定稿等，每一个环节都是一个独立的考验。

　　"我曾经穿着高跟鞋、捧着一大堆衣服在三四十度的夏天满城市地跑。我曾经为了一张底片在发三十九度高烧的时候从中国的北边飞到南边。我曾经一个月每天只睡四个小时不到，只为做一个专题，但是最后还是被'毙'了。

　　"时尚编辑就是这样的一种工作，将光鲜好看的时尚肢解成一个个现实的元素，再将它们组合起来，送到读者们的眼前。

　　"因为这个工作，我也第一次开始考虑究竟什么才是真正的时尚。生活中的时尚教主、时尚女魔头，其实私底下也是普通人，但是他们知道自己的气质和特点，会通过打扮将自己原有的气质凸显出来。他们的打扮也各有特色，但是每一个都不会过火。他们知道最重要的是自己的气场，装饰只是辅助而已。

"所以，当有一天，你觉得你不用考虑任何的时尚元素也有自信自己能够镇住全场的时候，你就拥有真正的时尚品位了。"

编辑说完这番话之后，我突然发现，即使在飞机上，她还是整整齐齐地穿着一双黑色的过膝高跟皮靴。因为穿着短裙，左腿搁在右腿上，双腿优雅地倾斜着。那一刻，我大概知道她为什么能够当上时尚杂志的主编了。

十八岁开始，女孩成熟的美丽开始绽放。二十多岁的女孩，因为青春，因为丰富的胶原蛋白，都像是盛放的鲜花，都很美丽。但是这种美丽是一种原生的美丽，像露珠一样，随时随地都会消散在清晨的阳光下。

真正能被称得上有女人味的人，还要在二十五岁或是三十岁以上的女人中找，而且，这些女人往往在年轻时并不出众。这些从未被称作"美女"的女人，却能够随着岁月的积淀，成为真正的女神。

女人味并不是天生就有的。年轻的女孩又萌又可爱，但这种状态可不能抵抗岁月的侵蚀。赫本息影之后投身慈善，她抱着非洲孩童的模样，让人感到了圣母一样的光辉。一个女人，能够意识到并且运用自己的女人味，往往需要经历很多的困难和磨练，经过一番被否定、被打击之后，才会渐渐地找到自己最强的武器——

外表比女人还要女人的人，内心会强大到比男人还男人。

年轻时拥有美丽容颜的女人，往往自信于自己的容貌。因为容貌，她们拥有足够多的赞美和追求，多到足够让她们高枕无忧地一直老去。

终于有一天，衰老在不知不觉中夺去了她们的美丽和鲜活，但这个时候，除了咒骂岁月是个小偷之外，别无他法。世界上永远不缺更年轻的女孩、更鲜活的脸庞，总有一天曾经的校花成了明日黄花，旧时的姣好容颜只能在照片和记忆中寻觅。

但是，那些努力的女孩，即使在年轻的时候容颜没有被大众所认可，即使生活过得默默无闻，她们还是会学习怎么让自己变得更漂亮，学习怎么让自己变得更优秀，学习怎么让自己变得更有内涵。

唯一能够应对时间流逝的方法就是对自身能力的积累。终于有一天，她们能够变成她们梦想中的样子，只要她们坚持，只要她们足够努力。

当你真正成功的时候，没有人会在意你当时是多么狼狈不堪地一路摸爬滚打过来的，人们只会看到你展示在人前的美丽和自信，崇拜甚至嫉妒你的好运。但只有你自己知道，这一路走来，你掉过多少汗水，受过多少委屈，心里曾经有多痛。

这个世界上，别人不会在意你有多努力，所以，你更要对得起你自己。

最好的关系，
是亲近地保持距离

生活中那些经常跟你不分你我的人，往往是无趣的。

每个人都是独立的个体，人与人之间掌握好界限感，才是交往的前提。

管好自己的事，不干涉他人的事，是对自己的尊重，也是对他人的尊重。

◎ 再亲近的人，也需要各自保持独立的空间。

◎ 我这是为你好，等同于你必须听我的。没有人喜欢这种关心的方式。

◎ 亲密关系的重点是平等，任何一方有压迫感，都可能出现裂痕。

　　每个人都有自己的生活方式，无论你与别人的关系多么亲密，都应该保持适当的距离，不要过度介入别人的生活。谁都不可能完美无缺，都会有自己的缺点和不足，如果你不懂得包容和忍让，一味地咄咄逼人，很可能会破坏彼此的关系。而适当地保持距离，才能给对方和自己都留下回旋的余地。

　　公司有个女同事叫玲子。有一天，玲子问我，能不能帮她找一间廉租房，她想一个人住。

　　我有些疑惑，她本来是跟闺密欢子一起合租的，怎么突然就要找房子呢？

　　玲子看出我的疑惑，有些失落地说：“唉，别提了，我再也没办法跟欢子好好相处了。”

　　听了玲子这句话，我想起三天前的一件事。

　　那天上午，玲子一到公司就在办公桌上东翻西找。我看她一脸焦急，就问了一句：“丢东西了吗，要不要我帮你找找？”

　　原来玲子有份客户资料找不到了。

　　我和玲子是邻桌，我们经常有把东西放到对方桌子上的情况，我在自己的桌子上翻了翻，没发现有玲子的东西。这时，我突然想起来，昨天晚上下班的时候，玲子好像将一份客户资料带回了家。我连忙提醒玲子。经我一提醒，玲子也想起来了，她确实把那份客户资料忘在家里了。

玲子马上给在家调休的闺密欢子打电话："欢子，我有份资料丢在家里了，麻烦你帮我送到公司吧。"

我听不到电话那边欢子说了什么，只看到玲子松了口气，估计是资料找到了。

半小时后，玲子的电话响起，她接了电话，就匆匆地赶到前台。我寻思，肯定是欢子到了。

果然，不一会儿，玲子致谢的声音从前台传来："欢子，辛苦你了，今晚回家我给你带好吃的。"

出人意料的是，欢子却对玲子好一番责备："你这个猪脑子，总是丢三落四的，要不是我在家，看你不得哭死。"声音之大，让公司所有人都吃了一惊，大家纷纷向前台看去。

当着整个公司人的面，玲子被这一番数落，自然不悦。可欢子依然不依不饶，"猪脑子，猪脑子"说个没完。

玲子气愤地说："我错了还不行吗，你赶紧回去吧，我还要上班。"

欢子"哼"了一声，转身离去。可刚走出没几步，她忽然又折转身来，盯着前台的小姑娘说："刚才我跟闺密闹着玩，你一直冷着眼看我干什么？没教养。"丢下这句话，欢子扬长而去。

前台的小姑娘都快被气哭了，玲子见状，赶紧好言安慰。

事情平息后，玲子回到座位，一阵长吁短叹。

被欢子一闹，玲子觉得在公司丢尽了脸面，非常苦恼。我便安慰了她几句，见玲子没什么过激反应，我们便各自投入到了工作中。

我以为那件事就这样过去了，没想到玲子现在提出想搬家，我猜想可能跟欢子送资料那件事有关，便问："你跟欢子还没和解吗？"

玲子说："那次矛盾只是个导火索，我忍欢子很久了，她做事真的好过分。"

玲子和欢子是大学同学，两人来北京发展已经三年了，一直住在一起。

刚来北京那会儿，她们为了生计奔波，两人常常不分彼此——衣服换着穿，房租谁有钱谁先垫付，一起买菜做饭。

当她们工作稳定，收入有了保障后，开始对生活的品质有了一定的追求。渐渐地，两人的性格、爱好、审美等方面的差异逐渐显露出来。她们便遵循大事共同商议，小事各随心意的原则相处。比如，房租每人承担一半，值日按天轮流。

三年来，两人亲如姐妹，相处得非常融洽。就算有了争议，她们也能很快解决，从来没有过伤害对方感情的过激行为。

然而，玲子心里明白，表面看来她跟欢子亲密无间，其实内心早就互生嫌隙。两人每次闹矛盾，都是玲子主动容忍退让，才换得了眼前的相安无事。时间久了，玲子心生郁结，总有一天会忍无可忍，爆发出来。

按玲子的话说，她跟欢子的矛盾主要有两方面：一是欢子认为跟玲子关系好，就可以直言不讳，经常毫不留情地指责玲子，即便在公众场合也不顾及；二是欢子完全不尊重玲子的私人空间，经常动玲子的私人物品，干涉玲子的私事。

欢子犯了一个许多人都会犯的错误。她忘记了，每个人都有独立的人格和私人空间，别人决不能毫无底线地强加干涉。再好的朋友，也要保持适当的距离。我建议玲子应该先跟欢子好好谈一谈，把她的感受说出来，毕竟是多年的好朋友，不要因一时冲动就断了来往。

玲子叹了口气，想想自己都忍了这么久了，也不差这一次，就决定回去跟欢子聊聊。如果聊开后，欢子还是不知分寸，她就果断搬走。

这件事后，过了一个多月，玲子对我说，欢子以前把自己的咄咄逼人当成亲密的表示，现在她意识到了自己的问题，逐渐改变了与人相处的方式，在这份友谊中，两人都感到更加舒服，也更加亲近了。听了这话，我打心里为她俩高兴。

人们常说最亲近的关系也是最脆弱的，两个人长时间不分你我，难免会忘记自身应该坚守的分寸，以至于过多地干涉对方的私人生活，最终导致互相怨恨。

人与人之间，只有保持适当的距离，以平行线的方式相处，才能避免摩擦，共同进退。亲人之间，距离是尊重；爱人之间，距离是美丽；朋友之间，距离是爱护；同事之间，距离是友好；陌生人之间，距离是礼貌。适当的距离是我们表达爱的最佳方式，没有距离的相处是一种自私的表现，人与人相处需要给对方保留一定的心理空间，感情才会长久。

请给我一点
"不知道"的余地

　　知无不言、谈笑风生的人是有趣的，喋喋不休、大倒苦水的人是无趣的。

　　当你抱怨别人不愿意听你的心事，不愿意为你保守秘密时，请你先问问自己：别人是否有义务倾听你的秘密？倾听完你的秘密后又会给别人带来什么？

　　◎　如果你不能为自己保守秘密，那么任何人都不可能为你保守秘密。

　　◎　倾诉只是你的一种选择，而尘封并释怀你的秘密却需要对方极大的勇气。

　　◎　没有人喜欢负能量，当你向别人倾诉时，请体谅别人的难处。

　　对于喜欢把"我只告诉你哦"当作口头禅的人，我向来敬而远之，因为我不能确认他是否真的把某件事只告诉了我，我也不能确认自己是否会无意间把这件事泄露出去。

　　另一方面，如果倾诉者告诉我的是"我准备篡改单位同事的进货单"或是"我好想给他脸上泼一杯水"这种考验良心的事，我也不能保证自己会像个神父一样心安理得地守口如瓶。我至少要狠狠地纠结几天，仔细观察一下这个人是不是真的打算把他邪恶的想法付诸实践，如果是的话，我又要怎么办呢？

　　我确实不知道如何是好，好在我至今还没遇到过别人要我替他保守秘密的事。不过，我的朋友P小姐就没那么幸运了。前几天，她偶然遇到一个高中男同学，无意间陷入了这个男同学"我只告诉你哦"的倾诉怪圈，就此进退两难、无法抽身。

　　这个男同学有一个女朋友，也是P小姐的同学。他们三个人曾是无话不说的好朋友，直到另外两个人成了一对，P小姐便自觉地退出了"三人行"。

　　老同学见面自然分外欣喜，P小姐礼节性地问了一句："你们现在好吗？"

　　男同学没有立即回答，而是热切地邀请她去喝杯咖啡叙旧。

　　P小姐见男同学如此真诚，不忍心拒绝，两人就近找了一家咖啡厅。

在咖啡厅，男同学滔滔不绝地讲起了他跟女朋友的恋爱史，各种磕磕绊绊和风风雨雨，真是一言难尽。最后，男同学说女朋友如今变了很多，早已不似当年那般温柔体贴。尽管P小姐再三暗示，这些话不该在她面前说，但还是挡不住男同学的抱怨声。

最离谱的是，男同学居然告诉P小姐他非常欣赏一个刚认识的女孩，并有了交往的打算。

末了他说："这些话我只告诉你，咱们是多年的老朋友了，跟你聊天真高兴。"

P小姐在心里翻了个白眼："你是高兴了，我可一点都不高兴。"

她为此犹豫纠结了很久，不知道要不要把男同学的话告诉他的女朋友，哪怕只是旁敲侧击也好。

P小姐把这件事告诉了我，想征询一下我的建议。

她焦灼地说："我不能装作不知道吧，万一他们就这样分手了，岂不是我的罪过了？"

我一时间也拿不定主意，她最终下定决心："算了，还是约我那个女同学出来谈谈好了，我尽量说得委婉一点，她应该不会受不了。"

据说她们的长聊非常奏效，那个女孩像感念恩公一样拉着P小姐的手道谢："谢谢你提醒我，果然还是闺密最好。"

可是没过多久，P小姐就发现自己在微信通讯录里被那位男同学和他的女朋友一同拉黑了。她觉得这事很蹊跷，经过多方打听才知道，那对情侣又和好了，而且矛头一致地把她视为"看见别人感情生活不顺就幸灾乐祸的八婆"。

大概是人家小情侣床头吵架床尾和，而P小姐则莫名其妙地被牵扯进来充当了炮灰。

这件事之后，P小姐咬牙切齿地对我们一众闺密说："你们今后的感情生活再也不要告诉我。我不想当传话筒，也不想为保守你们的秘密而把自己憋成内伤。"

随后，P小姐给我们讲了另外一个插曲。

P小姐的一位闺密想请某位明星给自己朋友的咖啡店做宣传，而这位明星正好与P小姐的公司合作一项广告业务。

闺密在饭桌上的闲聊中拜托P小姐："能不能帮忙拍一张W（即那位明星）在我朋友的店里喝咖啡的照片？布景什么的都无关紧要，到时可以修图，只要明星表情到位就行了，就是那种'很好喝、很满足'的表情。"

P小姐含蓄地解释了公司关于"不能利用私人关系接近艺人"的规定，闺密立即露出一副质疑和失望的表情，不悦地说："本以为你做到现在这个职位还不就是一句话的事，没想到居然这么麻烦啊。"

这顶高帽子让P小姐哭笑不得，最终还是答应帮闺密一次。于是，她拉下脸皮奔走了几个部门，终于约到那位明星到闺密朋友的店里拍照片。

事情办妥了，闺密也露出了满意的笑容："我就知道你最好，其实我那朋友当时说你是不会答应的，可我就知道，只要我一开口，你一定会帮忙。"

听到这里，P小姐顿时觉得一阵堵心，她很想反问一句："连别人都觉得我为难，不愿意勉强我，你怎么就忍心强人所难呢？"最终想想还是算了，毕竟不为公事为难私交，并不是人人都有的美德。

其实，很多人都有过类似P小姐的这些经历，被老熟人、老同学、老朋友所谓的知心私话和深厚交情所绑架。

我希望，他们再次陷入这种绑架中时，能毫不畏惧地对绑架者说出这样的话：

没有人是你的心灵树洞，可以毫无反应地听完你的故事，然后当作什么都没发生。你无意间丢下的一颗石子，永远不知道它在听的人心中会激起什么样的涟漪。

你抱怨别人不肯爽快地帮忙，抱怨别人连你的心事都不愿意听，抱怨别人不肯跟你同仇敌忾。

可是有时候，是因为别人原本就不应该听到你的"秘密"和

"心声"而已。

倾诉是一种选择，而尘封并释怀却是一种勇气。

所以，不管你心里有着怎样的秘密，不管你过得好不好，当我礼貌地问候"最近如何"时，如果你一个人还扛得住，我希望你能回给我一个微笑说"还不错"。

直到很久以后，你自己也能笑着讲起当初的纠结怨恨和伤心绝望，我会多么高兴看到你已慢慢痊愈，而不是故意露出伤痕给我看。

生活已经有那么多不如意了，就让我们留一点给自己、给他人"不知道"的余地吧。

你还年轻，
随时可以重新出发

　　每个人的生活和事业都会遇到低谷期，这段时期里，待业、迷茫、失恋、生存等各种各样的问题都会接踵而来。

　　刻意强求，反而不得，不如淡看岁月更迭，还灵魂一份洒脱。你要的，只要努力和等待，岁月都会如数给你。

　　◎ 立正，稍息，向前看。停一停，和不安的自己谈谈。

　　◎ 只有将躁动不安的心静下来，拼搏奋斗的脚步才能快起来。

　　◎ 人生就是一场修行，在喧嚣忙碌的生活里，要有一颗淡然处世的心。

　　了解"时间根本无法左右你的脚步"这件事，是有一年在大英博物馆里参观的时候。

　　在博物馆里，除了那些精美绝伦、让人赞叹不已的藏品与川流不息的游客，还有一些对着藏品临摹或记录的本地人。他们大多是年轻学生，三五成群地凑在一起，也有少许白发苍苍的老人。这些老人，有的对着佛像勾勒临摹，有的对着几百年前的首饰深描浅绘。时间在他们的皱纹间流转，他们神色和缓，神态自若。

　　因为好奇，所以我前去和其中一位老人攀谈，才得知雕塑是他的业余爱好，所以经常会来这里临摹写生。他对这里的每一尊佛像都了如指掌，连每尊佛像背后的故事都一清二楚。除此之外，他还谈起他的梦想，就是要成为世界级雕塑家。一个年过半百的人打算在他剩下的时间里站上艺术殿堂的顶端？看到我略微有些吃惊的表情，他一点都不意外，自嘲说："人们以为我老了，可老了的我依然拿得起笔，依然雕得动模子，和年轻的我有什么分别？怎能因为上了点年纪就停下呢？"

　　从没想过有一天我会惧怕时间。惧怕时间是随着岁月流逝而发现身体渐渐衰老以后的事情。过了20岁，记忆力开始下降，精力也不如以往，通宵工作之后你再也不能睡几个小时就原地"满血复活"。这是时间给你的警告，它正在带走那个年轻而活力四射的你。

年月直接影响的并不是你的意志，而是你的能力。幼时读书，只读一遍故事情节就能记得一清二楚，可是成年以后，情节却常常记得混乱一片；要识记的知识，背了很久也只是暂时记忆；更糟糕的是，这时时间却成了一件稀缺品。所以我所见的年轻人，大多抱着一颗惶惶不安的心，要么步履紧张地想要抓住青春的尾巴，把自己的梦尽可能早地握在手里，要么在犹豫和胆怯里兜圈子，直到夕阳落肩头，又只好把一切推给时间。

可时间，真有这么大的魔力吗？

面对岁月，不同的人有不同的"煎熬"方式。有的人一生都在赶时间，每天急匆匆的，想在最短的时间内收获最大的利益；而有些人，并不愿追赶什么，一步一个脚印，最终竟也积聚了令人艳羡的成就。

好像是岁月与人故意开玩笑一般，你把时间看得太重，它就跑得飞快，让你焦虑；倘若你把它看得很淡，它也就静静地陪在你身边，看着你一点点地前进。

德国朋友曾跟我分享过她母亲的故事。她母亲年轻时候喜爱艺术，家庭重负却没能让她实现自己的艺术梦。那个梦种子似的被她埋在心里，孩子都拉扯大了以后，她竟然跑去大学里念艺术鉴赏。她的儿女们开她的玩笑说："怎么能和孙子辈的人坐在同一个教室里做抢答题呢？"她却一本正经地说："除了我自己，谁也没权利决定我的年纪。"

或许正是因为老了，心态反而开始了逆生长。因为已经处在并不早的时间节点上，所以才更能明白"什么时候开始都不算晚"这个道理。相比之下，年轻人却未能拥有这种洒脱。他们忧虑的是明天，是下一步要走的路，是所有的不确定里任何可能导致失败的微小因素：因为要走的路还很长，因此任何一个岔路口都必须小心又小心。可是呢？因为担忧而失去了行船的勇气，这又何尝不是一种失败？

我也曾站在老去的时间线上惴惴不安，忧虑现在的选择，担心未来的结果。直到有一天我读到朋友分享给我的一段话：有人替我们算了一道数学题，假设一个人今年24岁，他到最后可以活到80岁，而一天有24小时，那么他的24岁正相当于一天中的早上七点二十分。

一个正处于早上七点二十分的人有什么好焦虑的呢？正是一天最好的开端，太阳刚刚升起，万物正在苏醒，人生还有广阔的未来，未来还有大把的可能。

我们永远不必为还没到来的事情买账，这其中就包括对于所剩时间的忧虑。

急什么呢？我们又不赶时间。

愿赌服输，
愿赌也会赢的

人生如同一场牌局，老天发给你的牌时好时坏，怎么打，全凭你自己。

弃牌不打，无疑是必输的结局。牌不好苦苦支撑，不一定会赢，但未必会输得太惨，因为老天有时也会放水。

◎ 既然坐在牌局上，索性就豁出去，愿赌服输。

◎ 牌局面前，心态最重要，其次才是运气和技巧。

◎ 金钱是身外之物，不值得你用青春、健康和情感做赌注。

U小姐喜欢在烦心的时候做数学题，讨厌一切金色物品，人前很拽，人后很怂，是个矛盾体。

第一次与她接触，我觉得此女不是地球上的产物。我说最近的天气很不错，她说："今夜阳光明媚。"然后露出标准的8颗牙齿，望着目瞪口呆的我说："这是指心情！"

我指了指桌上的酒说："来来来，喝酒！"她却睁圆了眼睛盯着我，那神态真让我以为她发现了我冬天不穿内衣的秘密。结果，她露出诡异的笑容道："香奈儿……你身上的味道。"

我以为她要跟我攀女生之间的情谊，互通有无，从服装、香水到你家养了几条狗、同事谁最泼，然后"叮咚"一下，心有灵犀，闺密诞生。可是，U小姐却叹道："这么怪的味道也有人买？还花那么多钱，脑残！"

我盯着她那傲娇的面孔，心想：这等女子，如何嫁人？

U小姐的商业综合推广方案还是做得不错的，被我们老板大大表扬了一番，并且将后续许多事情交给她的公司负责。就这样，我们的联络愈加频繁起来。

U小姐一副拽样儿，一手提着电脑，一手拿着厚厚的资料。她用大长腿拦住电梯门，和我一起侧身挤入电梯，随后大喊一声："不许抽烟！"一个小男人尴尬地将烟头抹掉。U小姐看了他一眼，又道：

"卫生纸、矿泉水、喷雾剂都在我这个侧兜里，你赶紧拿出来。"小男人乖乖就范，U小姐嫣然一笑，然后表情变得严肃："步骤还用我教吗？打开矿泉水，将烟头放进去，然后大家都下电梯了，你再洒点喷雾，知道吗？"

到了顶层，小男人正在U小姐的监督下进行清理，只听一个深沉的声音传来："SAM，你在做什么？"小男人露出谄媚的笑容，解释道："BOB，这位小姐她……"

U小姐站成T台模特型，傲然地看着对方，可是也就在那么一刹那，U小姐的T台猫步立刻变成了军姿。她露出尴尬的表情，对那个叫BOB的穿着阿玛尼服装的男人道："左唯，你来上海了？"

BOB笑了，他上前摸了摸U小姐的头，道："有点小女人的姿态了。"

我与那个小男人无比惊诧：这样子，还是小女人？

"我的学弟，左唯。"U小姐向我介绍道。

"你好，我叫左唯，也可以叫我BOB，来自M公司，负责策划推广。"这个英俊的男人笑着说。

"你与BOB走得很近，不怕被老板骂？"午餐时，我对正埋头吃着西兰花的U小姐说道。

"怕什么？虽然我们是学姐学弟的关系，但是在工作战场上不分你我，我们是公平竞争，不会留情面。"U小姐说。

"可是，我们公司的这次推广方案选了你们两家公司，你与BOB都是公司的项目经理，见面如此频繁，难道不怕在聊天中透漏信息？就算你们有职业道德，可别人也会说闲话的，到时候我们老板知道了，一定会不高兴，毕竟他要从中选一个推广方案，如果两家做得太相似，他会火大的。"我好心提醒。

"放心吧，我心中有数。这次竞标，我会尽我所能。但我与左唯还有旧账未算，在我未了解清楚情况的时候，我不会放过这次机会……我愿赌服输。"U小姐淡定地讲。

到了竞标的日子，看过BOB的精彩演讲，以及PPT上呈现的橙色主推画面，U小姐的眼神黯淡了下去，她望着BOB，忽然站起来，道："我们选的色调一致？"

BOB微微笑道："喔，也许英雄所见略同。"

"我们的广告语也很相似。"U小姐不依不饶。

"是吗？那你们的创新在哪呢？"BOB笑道。

"之前你答应过我，不会用我们的创意。"U小姐轻轻地说。

"我不曾记过我说了这样的话，再说，请不要偷换概念，这是我方先想到的广告词。"BOB整理了一下领带。

我的老板脸色一变，他看着U小姐与BOB，用质问的语气说："这是怎么回事？"

"董事长，我很抱歉在会上说出这样的话，我只是为了证明一下我对眼前这个人的判断。目前看来，我判断正确。那么，现在我们开始听我方的PPT讲解吧。"屏幕亮了，一片红色出现在我们面前。

"我们目前主推的画面是正红色……"

竞标会结束，U小姐收拾好电脑包，微笑地与我的老板握了握手，她又看向了我，道："嗨，我们还得继续共事一阵，冬天到了，你可别再喷那个什么香奈儿了，反胃。"我无奈地笑了笑，又看她趾高气扬地走到BOB身边，对着高大的BOB，露出她的那股傲娇范儿，道："我说过了，愿赌服输！"

……

五年前的U小姐，是个喜欢去操场边大声唱歌边跑步的女孩，她那肆无忌惮的走音声，以及并不在意周围人嘲讽眼光的大无畏，吸引了左唯。他认定这个女孩是特别的，因此展开了一段求爱之路。尽管已有传言他有6个以上的女友，尽管他的名声在外，但是从小到大并未与男生怎么接触的U小姐，依旧接受了这份突如其来的浪漫，陷入了爱河。

她爱他多些。

一个女孩，对爱情所有的幻想都在这最美好的年华里呈现，那是最纯真、最无邪、最令人羡慕，也是最会受到更多伤害的时光。

左唯是情场老手，对他来说，U小姐的出现只是一次莫名的邂逅，好奇心过去，他自会离去。

可是，他未曾想过，U小姐会如此的单纯，如此一条筋，以至于他后悔追求过她。为了"摆脱"U小姐，他居然想出了一个特别离奇的理由。在U小姐即将毕业时，左唯莫名消失，只留下一封信，说他家破产，他心情烦闷，决定去西藏洗涤心灵。之后，杳无音讯。

U小姐在这一年里，在等待未知的情况下，"呼呼"地成长起来。她去了上海，左唯曾经说过，他姥姥家就是旧上海的大户人家，将来他一定要将门第发扬光大。

之后，U小姐果然遇到了左唯。

左唯依旧帅得让她心动。当然现在，他的智商是拼不过一路厮杀过来的U小姐的。U小姐通过许多谈话以及照片，找到了蛛丝马迹，知道左唯那年并未云游四方，家也并未破产，而是带着混血女友一起去澳大利亚深造了一年。

U小姐气不过，她"无意之间"向左唯透露了此次她们的方案。

……

"其实我只是把红色主题的那个方案做成了backup（备份），这只是一个考验。"U小姐喝着香槟，轻轻地说。

"但你也料到了他会说出你的那个创意，不是吗？"我看着她。

"我有那么一刻，是不希望如此的。"U小姐将香槟放下，两手抱肩道："anyway（无论如何），愿赌服输，他赌我肯定不会防他，那他就必须认输。"

"你还爱他吗？"我忽然问。

"他当初那么花心，所有人都说我是飞蛾扑火，但我还是选择了他。毕竟他能给我带来心动，我愿意赌一次爱情，看看能不能一生一世。可惜，我赌输了。"U小姐站起身来，她的两手依然环绕着，抱着臂，"愿赌服输，不是吗？"

风中的她两手抱臂，这是她经常有的动作。我知道这是她这么多年一人在上海厮杀，进行自我保护的一种心态。其实，哪有那么多"女汉子"呢？这不过是在男子汉未出现前的一种自我保护本能而已。

这样的快意江湖，既然不能相濡以沫，那就相忘于江湖吧！江湖再见。

傲娇的U小姐，愿赌服输，愿赌也会赢的。

爱情是一场赌博，愿赌就要服输。在这个随时有爱情、希望产生和破灭的年代里，那些美好，往往与龌龊相伴。人有时候也需要一种决绝，不要把幸福当作赌注，输了自己，也并不是输了全部。